ATLAS

DE

Dissections Zoologiques

ATLAS

DE

Dissections Zoologiques

MANUEL

DE TRAVAUX PRATIQUES

à l'usage des Candidats

Au *CERTIFICAT DE SCIENCES PHYSIQUES, CHIMIQUES ET NATURELLES (P. C. N. et S. P. C. N.), A LA LICENCE ÈS SCIENCES NATURELLES, DES ÉLÈVES DES ÉCOLES NORMALES, des Candidats au BREVET SUPÉRIEUR (programme du 18 août 1920) et Élèves des Classes supérieures de l'enseignement secondaire, etc.*

PAR

Henri COUPIN

Docteur ès Sciences
Lauréat de l'Institut
Maître de conférences adjoint à la Sorbonne

AVEC 61 PLANCHES

COMPRENANT

400 DESSINS DEMÍ-SCHÉMATIQUES DESSINÉS PAR L'AUTEUR

DEUXIÈME ÉDITION

REVUE ET AUGMENTÉE

PARIS

VIGOT FRÈRES, ÉDITEURS

23, RUE DE L'ÉCOLE-DE-MÉDECINE, 23

1925

I

MAMMIFÈRES

LE MOUTON (OVIS ARIES)

CŒUR

---

1. Cœur, vu par la face antérieure (On a enlevé la graisse qui entoure la b
des vaisseaux). — *a*, ventricule droit; *b*, ventricule gauche; *c*, auricule droit; *d*, auric
gauche; *e*, artère pulmonaire; *f*, aorte; *g*, veine cave supérieure; *h*, artère corona
gauche ou antérieure; *i*, artère coronaire droite ou postérieure; *j*, veine coronai
k, pointe du cœur (voir la figure 4). — Nota : La face antérieure du cœur est un
bombée, tandis que la face postérieure est un peu déprimée. La pointe est entièrem
formée par le ventricule gauche.

De la face antérieure du cœur on voit partir, du ventricule droit, le tronc des artè
pulmonaires, et, du ventricule gauche, le tronc aortique (sa base est cachée derrière
ventricule droit). De la face postérieure du cœur, on voit partir, de l'oreillette droite,
veine cave supérieure et la veine cave inférieure, et, de l'oreillette gauche, les vei
pulmonaires.

**2. Cœur, avec l'incision à faire (*d*) pour voir l'intérieur du ventricu
gauche.** — *a*, aorte; *b*, artère pulmonaire; *c*, limite du ventricule gauche et du ven
cule droit; *d*, incision.

3. Cœur, avec l'incision à faire (*e*) pour voir l'intérieur du ventricule dro
— *a*, aorte; *b*, artère pulmonaire; *c*, limite du ventricule gauche et du ventricule dro
e, incision.

4. Pointe du cœur, montrant le tourbillon qu'y forment les fibres musculaires.

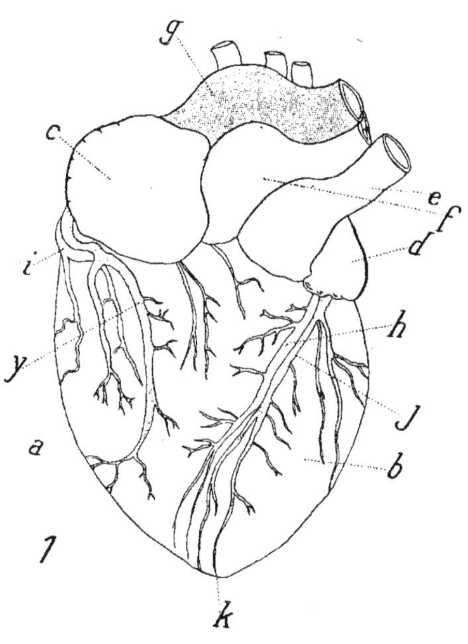

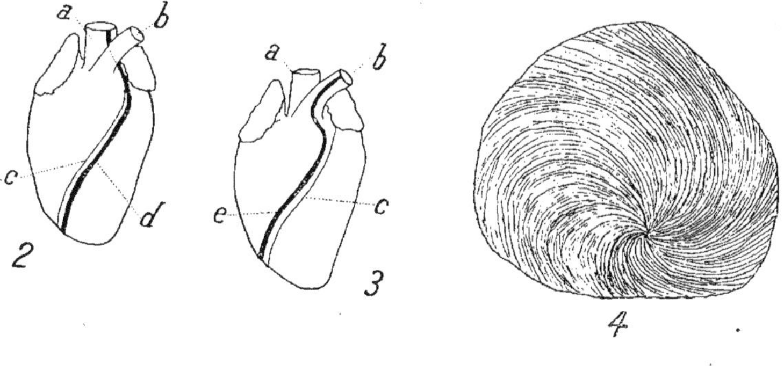

MOUTON (Cœur)

LE MOUTON (OVIS ARIES)

CŒUR

---

1. Cœur vu par la face postérieure. — *a*, ventricule droit; *b*, ventricu
gauche; *c*, oreillette droite; *d*, oreillette gauche; *e*, artère coronaire droite; *f*, grand
veine coronaire; *g*, embouchure de la veine cave inférieure dans l'oreillette droite
h, embouchure des veines pulmonaires dans l'oreillette gauche; *i*, veine coronaire.

2. Valvules sigmoïdes de l'orifice aortique (l'aorte a été ouverte longitudina
lement et étalée). — *a*, cavité du ventricule gauche; *b*, valvule gauche; *c*, valvule pos
térieure; *d*, nodule d'Arantius; *e*, lamelle fibreuse bordant le bord libre des valvules
f, orifice de l'artère coronaire droite; *g*, orifice de l'artère coronaire gauche; *h*, cavité e
gousset d'une valvule; *i*, cavité de l'aorte. — Nota : En ouvrant, de la même façon, l
base de l'artère pulmonaire, on y verrait deux valvules sigmoïdes analogues à celles d
l'aorte.

3. Oreillette et ventricule gauches ouverts par leur côté externe (imité d
Testut). — *a*, aorte; *b*, artère pulmonaire; *c*, vaisseaux coronaires antérieurs; *d*, vais
seaux coronaires postérieurs; *e*, veines pulmonaires droites; *f*, veines pulmonaire
gauches; *g*, cavité de l'oreillette gauche; *h*, auricule gauche; *i*, zone de la fosse ovale
j, cavité du ventricule gauche; *k*, valvule interne de la mitrale; *l*, valvule externe
m, pilier postérieur; *n*, pilier antérieur (tiré en dehors); *o*, flèche parcourant l'orific
auriculo-ventriculaire; *p*, flèche se dirigeant vers l'orifice aortique.

4. Coupe transversale des ventricules. — *a*, péricarde; *b*, paroi du ventricul
gauche; *c*, cavité du ventricule gauche; *d*, paroi du ventricule droit; *e*, cavité du ven
tricule droit; *f*, cloison interventriculaire; *g*, vaisseaux cardiaques. — Remarquer l
différence d'épaisseur des parois des deux ventricules.

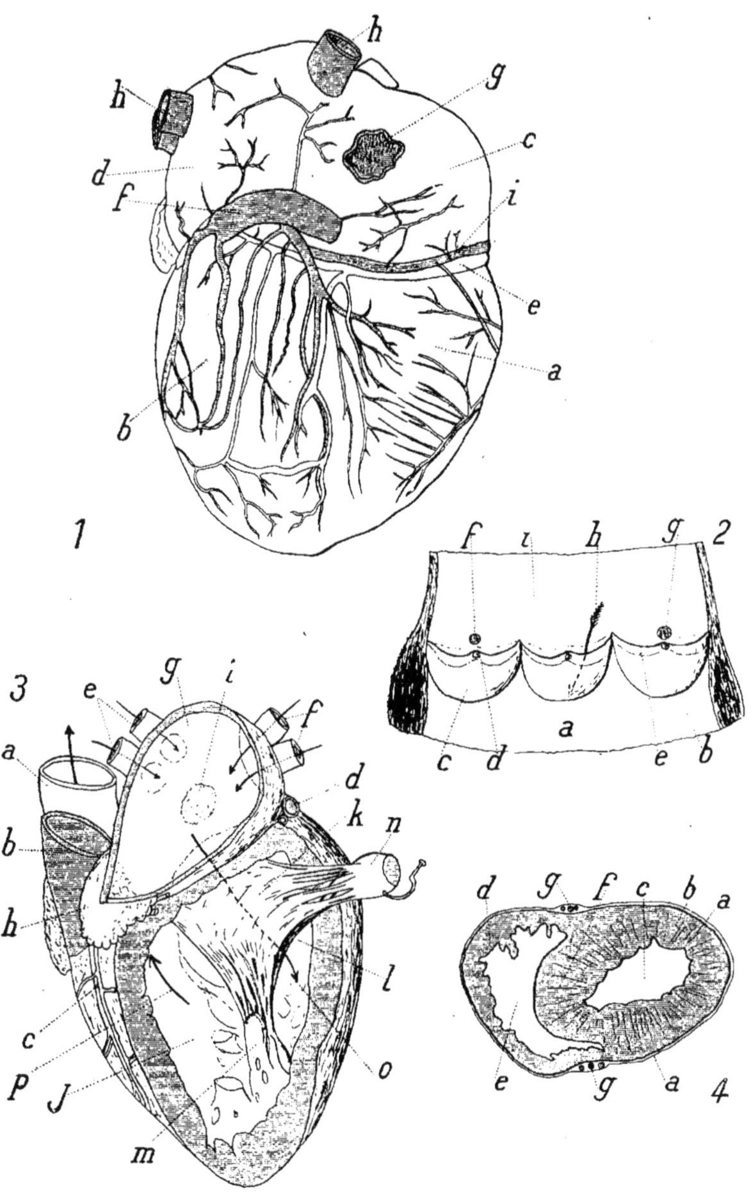

MOUTON (Cœur)

LE MOUTON (OVIS ARIES)

ENCÉPHALE

---

1. Encéphale vu par la face supérieure (1). — *a*, hémisphère droit; *b*, hémisphère gauche; *c*, scissure interhémisphérique; *d*, scissure de Sylvius; *e*, lobe médian ou vermis du cervelet; *f*, lobes latéraux du cervelet; *g*, moelle allongée ou bulbe rachidien, en partie recouvert par le cervelet.

2. Face inférieure de l'encéphale. — *a*, hémisphère droit; *b*, hémisphère gauche; *c*, lobes olfactifs (ils dépassent légèrement la partie antérieure de l'encéphale, mais, sur les cervelles achetées, sont souvent sectionnées); *d*, chiasma des nerfs optiques; *e*, tige de l'hypophyse (laquelle manque généralement dans les cerveaux achetés chez les tripiers, parce qu'elle est restée encastrée dans un os — la selle turcique — de la base du crâne); *f*, tubercule cendré (*tuber cinereum*); *g*, pont de varole; *h*, pédoncules cérébraux; *i*, bulbe rachidien; *j*, nerf de la 3ᵉ paire; *k*, nerf de la 4ᵉ paire; *l*, nerf de la 5ᵉ paire; *m*, nerf de la 6ᵉ paire; *n*, nerf de la 7ᵉ paire; *o*, nerf de la 8ᵉ paire; *p*, nerfs des 9ᵉ, 10ᵉ, 11ᵉ paires; *q*, nerf de la 12ᵉ paire; *r*, cervelet; *s*, scissure de Sylvius.

3. Encéphale entr'ouvert par la partie supérieure. — On a écarté les deux hémisphères, puis on a fendu le corps calleux et, enfin, on a échancré en arrière le trigone cérébral. Le cervelet a été coupé en deux par une section médiane; ses parties ont été rabattues, l'une à droite, l'autre à gauche; *a*, hémisphère droit; *b*, hémisphère gauche; *c*, corps calleux fendu; *d*, trigone cérébral; *e*, partie échancrée artificiellement du trigone cérébral; *f*, corps strié; *g*, couche optique; *h*, plexus choroïde; *i*, ventricule cérébral; *j*, *septum lucidum* déchiré; *k*, glande pinéale; *l*, tubercules quadrijumeaux; *m*, cervelet; *n*, arbre de vie; *o*, pédoncules antérieurs du cervelet (schématiques); *p*, valvule de Vieussens; *q*, plancher du quatrième ventricule; *r*, bulbe rachidien; *s*, pédoncules postérieurs du cervelet. — Nota: Il est bon de compléter cette dissection par une coupe longitudinale médiane de l'encéphale (faite au rasoir), qui montre, en particulier, le *corps calleux*, et par des coupes dans les hémisphères pour se rendre compte de la présence de la *substance blanche* et de la *substance grise* (celle-ci est à la surface).

(1) Les cervelles achetées chez les tripiers étant trop molles, il est bon, avant de les disséquer, de les conserver pendant plusieurs jours, pour les durcir, dans du formol à 10 p. 100. — L'encéphale est enveloppé par une méninge, la *pie-mère*; une autre méninge, la *dure-mère*, reste adhérente au crâne; quant à la troisième méninge, l'*arachnoïde*, comprise entre les deux précédentes, elle est extrêmement délicate et difficilement visible.

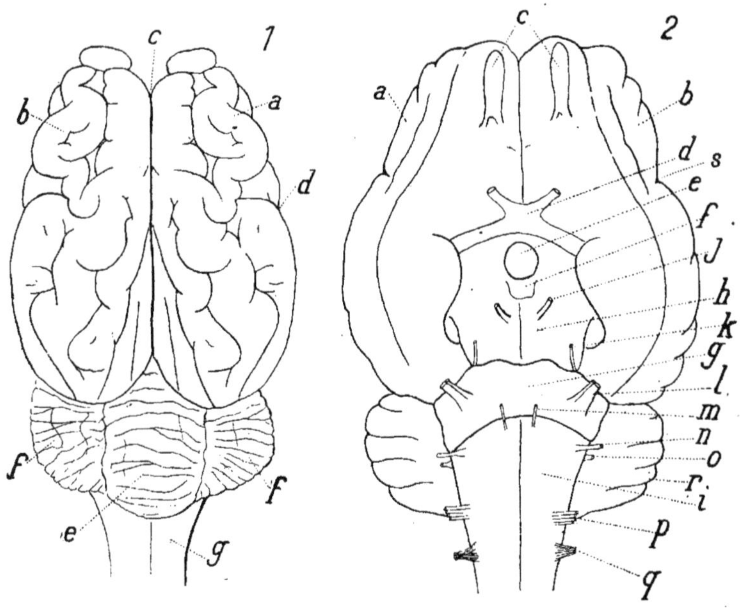

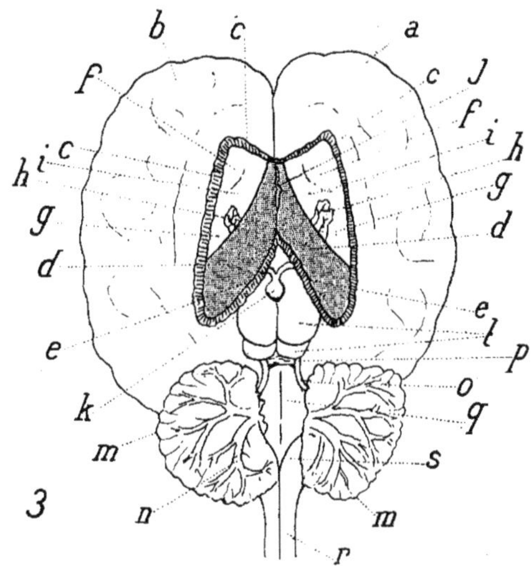

MOUTON (Encéphale)

LE BŒUF OU LE MOUTON

ŒIL (1)

---

1. Coupe longitudinale de l'œil. — *a*, nerf optique; *b*, gaine fibreuse du ner optique; *c*, sclérotique (membrane blanche, opaque, résistante); *d*, conjonctive *e*, cornée (membrane transparente); *f*, choroïde (membrane noire); *g*, zone ciliaire *h*, iris; *i*, rétine (elle est appliquée contre la choroïde, mais n'est pas adhérente à elle); *j, macula lutea* (tache jaune); *k*, cristallin; *l*, chambre antérieure de l'œil (rempli par l'*humeur aqueuse*, liquide incolore et limpide); *m*, chambre postérieure de l'œil *n*, membrane hyaloïde; *o*, canal godronné de Petit; *p*, humeur vitrée (de la consistance du blanc d'œuf cru); *q*, insertion des muscles droits; *r*, pupille (2).

2. Œil vu de face. — *a*, paupière supérieure; *b*, paupière inférieure; *c*, paupière verticale; *d*, sclérotique, vue au travers de la conjonctive; *e*, iris, vu par transparence *f*, pupille.

3. Paupières disséquées et glande lacrymale (imité de Testut). — *a*, paupière supérieure (disséquée par la face postérieure); *b*, paupière inférieure; *c*, glandes de Meibonius; *d*, glande lacrymale; *e*, orifices de la glande lacrymale.

(1) Dépouiller, d'abord, l'œil des masses de graisse qui cachent le nerf optique et les muscles moteurs.

(2) L'examen de l'œil peut être fait en coupant, avec de bons ciseaux (le tout est très coriace), le globe oculaire par une incision faite suivant l'équateur, perpendiculairement à la ligne joignant le nerf optique à la pupille (à peu près dans la direction de la ligne pointillée de la lettre *p* de la fig. 1). Ensuite de la capsule antérieure ainsi isolée, enlever le cristallin et faire une coupe, dans n'importe quel sens, passant par la pupille.

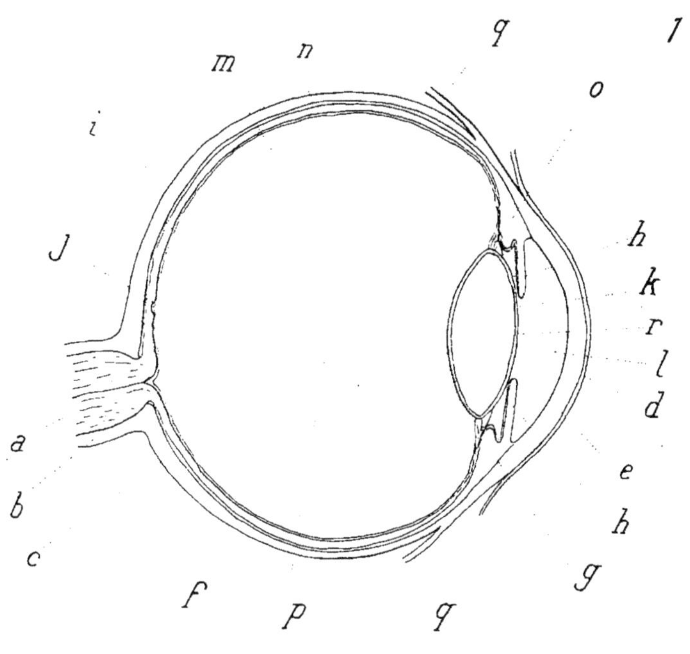

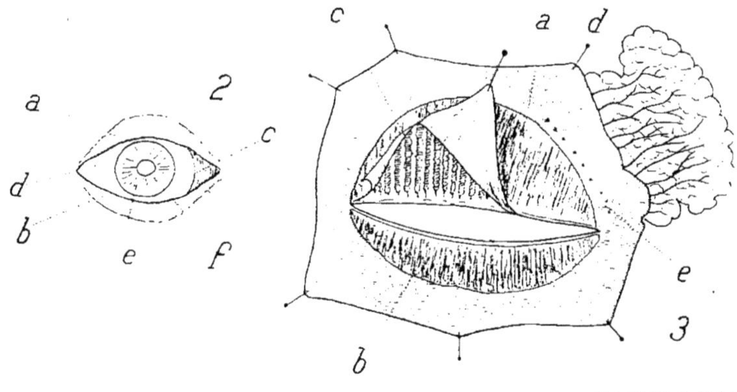

MOUTON (Œil)

LE MOUTON (OVIS ARIES)

ŒIL

---

1. Muscles de l'œil (1) **vus d'en haut**. — *a*, muscle droit supérieur; *b*, muscle droit externe; *c*, muscle droit interne; *d*, muscle grand oblique; *e*, poulie du muscle grand oblique; *f*, portion réfléchie du muscle grand oblique; *g*, globe oculaire.

2. Muscles de l'œil (1) **vus par leur face externe**. — *a*, globe oculaire; *b*, muscle droit supérieur; *c*, muscle droit inférieur; *d*, muscle droit externe (coupé et rabattu); *e*, muscle droit interne; *f*, tendon oculaire du muscle grand oblique; *g*, muscle droit postérieur; *h*, muscle petit oblique.

3. Insertion des muscles droits de l'œil droit sur la sclérotique. — *a*, droit supérieur; *b*, droit inférieur; *c*, droit interne; *d*, droit externe; *e*, pupille.

4. Coupe longitudinale d'une paupière. — *a*, tendons du muscle releveur de la paupière; *b*, cils; *c*, poils; *d*, cartilage tarse; *e*, glande de Meibonius; *f*, canal excréteur d'une glande de Meibonius.

(1) Les muscles de l'œil sont, en partie, cachés par des masses graisseuses, que l'on doit enlever.

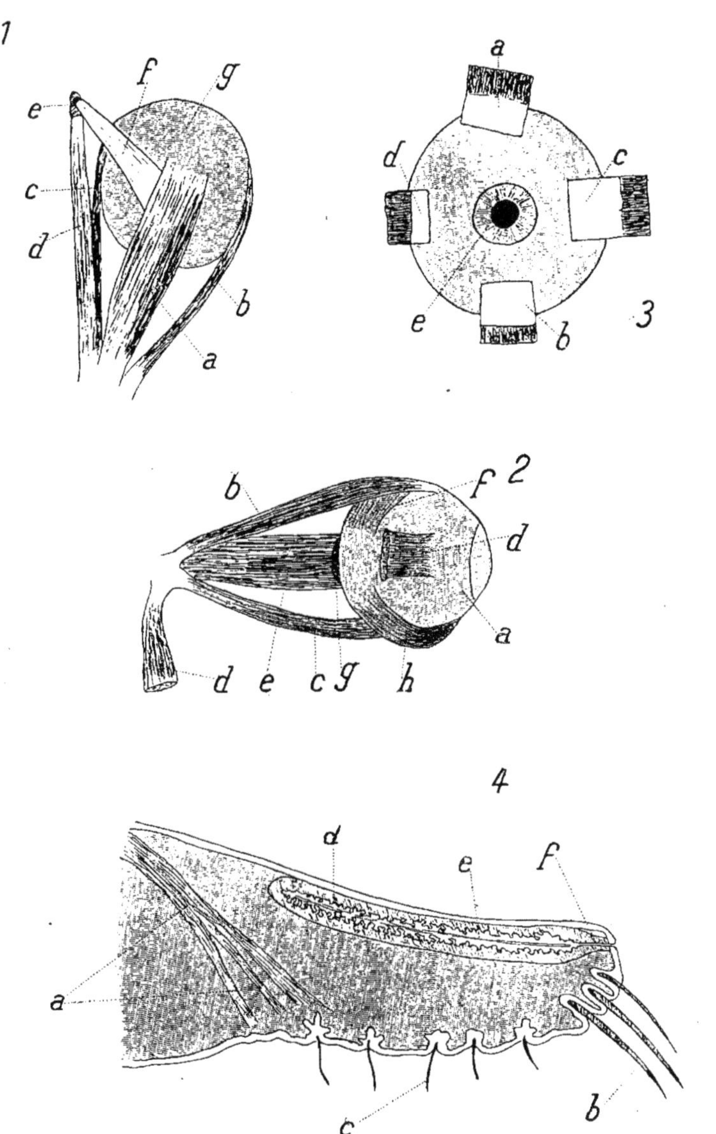

MOUTON (Œil)

LA SOURIS (MUS MUSCULUS) [1]

1. **Souris femelle ouverte par la ligne médiane ventrale** (imité d'ANCLAS). — *a*, narines; *b*, lèvre supérieure; *c*, lèvre inférieure; *d*, bouche; *e*, incisives; *f*, anus; *g*, orifice de la vulve; *h*, clitoris; *i*, thymus; *j*, cœur; *k*, larynx; *l*, trachée; *m*, poumons; *n*, paroi de la cage thoracique; *o*, diaphragme; *p*, glandes salivaires; *q*, estomac; *r*, duodénum; *s*, intestin grêle; *t*, cœcum; *u*, rectum; *v*, mésentère; *w*, vessie; *x*, foie; *y*, pancréas; *z*, rate.

[1] Pour se rendre compte de la disposition générale des viscères chez les Mammifères, on peut, au lieu de la *Souris*, qui est un peu petite, prendre le *Cobaye* ou *Cochon d'Inde*, le *Rat* ou le *Lapin*. Tuer ces animaux par le chloroforme ou l'éther.

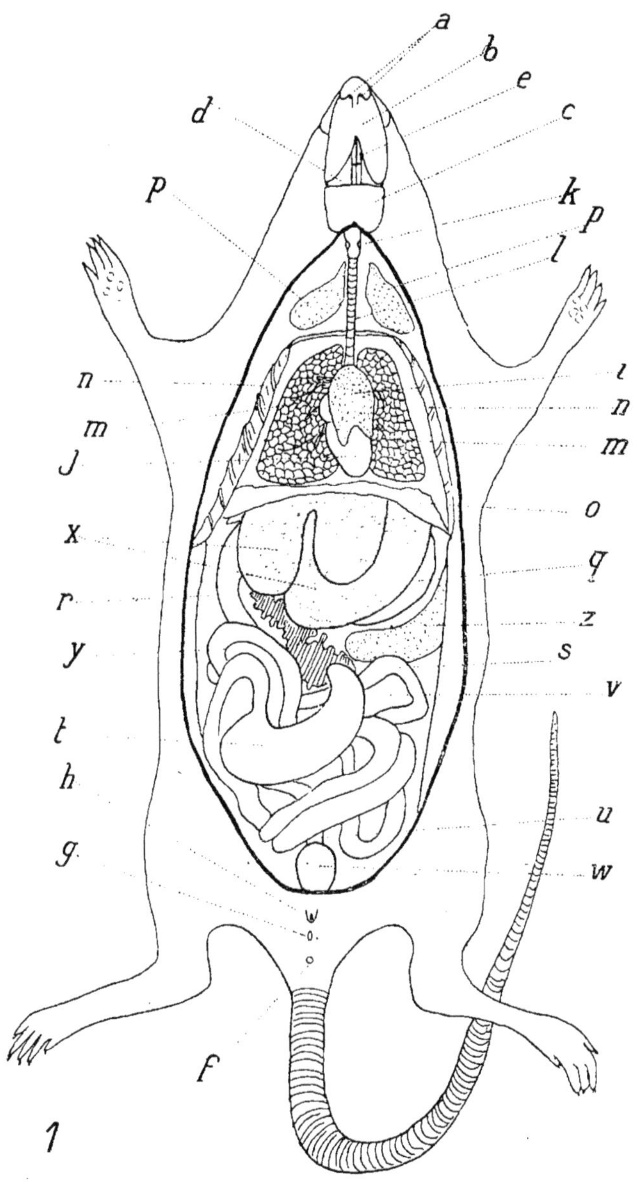

SOURIS (Dissection générale)

LA SOURIS (MUS MUSCULUS)

----

1. Encéphale, vu par la face supérieure. — *a*, lobes olfactifs; *b*, hémisphères cérébraux; *c*, tubercules quadrijumeaux; *d*, cervelet; *e*, moelle allongée. — Nota : pour plus de détails, voir, à la planche suivante, l'encéphale du lapin, qui a la même constitution générale.

2. Appareil urinaire chez la femelle. — *a*, reins (1); *b*, capsules surrénales; *c*, uretères; *d*, vessie (1); *e*, urèthre; *f*, veine cave inférieure; *g*, veines rénales.

3. Estomac. — *a*, œsophage; *b*, estomac; *c*, duodénum; *d*, cardia; *e*, pylore.

4. Coupe, en long, de deux incisives. — *a*, ivoire; *b*, émail; *c*, bord libre taillé en biseau.

5. Organes génitaux femelles. — *a*, ovaires; *b*, trompe de Fallope; *c*, pavillon; *d*, utérus; *e*, orifice de l'utérus; *f*, vagin.

6. Portion d'un utérus renfermant trois embryons. — *a*, ovaire; *b*, trompe de Fallope; *c*, pavillon; *d*, utérus, avec les trois bosses qu'y forment les trois embryons; *e*, orifice de l'utérus; *f*, vagin; *g*, utérus sectionné.

7. Organes génito-urinaires mâles (schématisés). — *a*, testicules; *b*, épididymes; *c*, gubernaculum; *d*, canal déférent; *e*, urèthre; *f*, vésicules séminales; *g*, pénis; *h*, prostate; *i*, capsules surrénales; *j*, glandes de Tyson; *k*, vessie; *l*, uretères; *m*, reins.

(1) Pour étudier la constitution des reins, il est préférable d'acheter des « rognons » dans une triperie et de les couper en deux parties par une section médiane longitudinale parallèle aux deux faces aplaties. De même, pour la vessie, il est facile de s'en procurer une, de porc, dans le commerce.

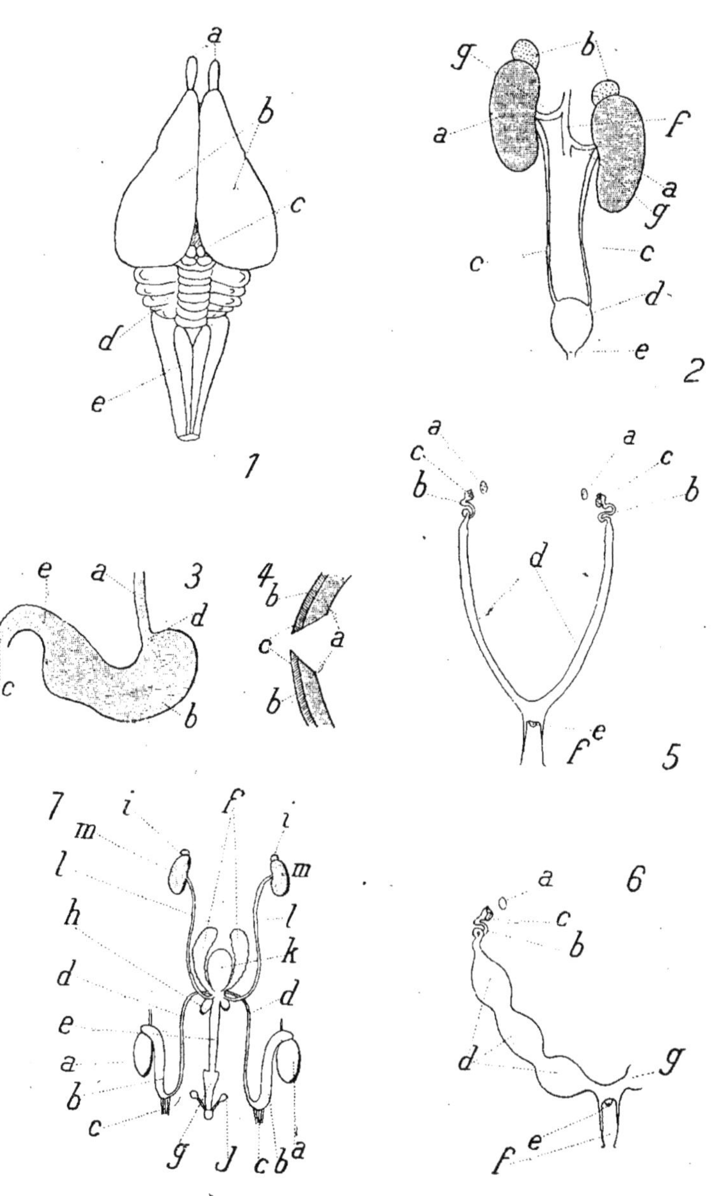

SOURIS (Organes divers)

LE LAPIN (LEPUS CUNICULUS)

1. Encéphale, vu par la face supérieure. — *a*, lobes olfactifs ; *b*, hémisphères cérébraux (ils sont, à peu près, lisses) ; *c*, glande pinéale ; *d*, tubercules quadrijumeaux ; *e*, vermis médian du cervelet ; *f*, lobes latéraux du cervelet ; *g*, moelle allongée ; *h*, nerfs de la onzième paire.

2. Encéphale, vu par la face inférieure. — *a*, lobes olfactifs ; *b*, hémisphères cérébraux ; *c*, nerfs optiques ; *d*, hypophyse ; *e*, pédoncules cérébraux ; *f*, protubérance annulaire ; *g*, nerfs de la troisième paire ; *h*, lobes latéraux du cervelet ; *i*, moelle épinière ; *j*, nerfs de la quatrième paire ; *k*, nerfs de la cinquième paire ; *l*, nerfs de la sixième paire ; *m*, nerfs de la septième paire ; *n*, nerfs de la huitième paire ; *o*, nerfs de la neuvième paire ; *p*, nerfs de la dixième paire ; *q*, nerfs de la onzième paire ; *r*, nerfs de la douzième paire.

3. Encéphale, vu par le côté. — Mêmes lettres que la figure **2**. — Nota : Il est bon de compléter cette dissection en faisant une coupe longitudinale médiane de l'encéphale pour en voir les cavités internes (ventricules).

4. Ensemble du tube digestif (1). — *a*, œsophage ; *b*, cardia ; *c*, estomac (2) ; *d*, pylore ; *e*, duodenum ; *f*, vésicule biliaire ; *g*, conduit allant au foie (lequel a été supprimé) ; *h*, pancréas (teinte blanc rosé) ; *i*, intestin grêle ; *j*, cœcum ; *k*, appendice cœcal ; *l*, gros intestin (les bosses sont produites par les déjections) ; *m*, anus. — Nota : Les anses intestinales sont soutenues par une membrane transparente, le *mésentère*, où se trouvent des *vaisseaux sanguins* et des *vaisseaux chylifères*, ceux-ci difficilement visibles.

(1) Il a, environ, deux fois la longueur totale du corps.
(2) A côté de l'estomac, il y a un organe allongé, rouge foncé, la *rate*.

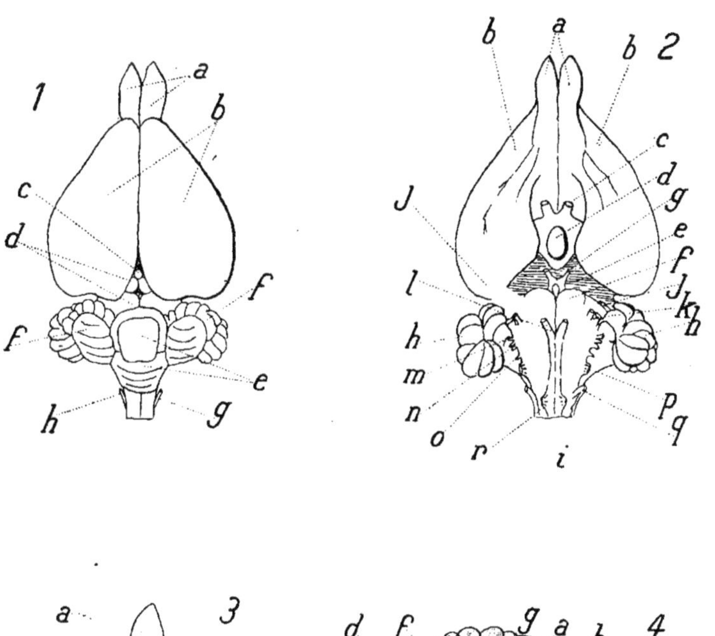

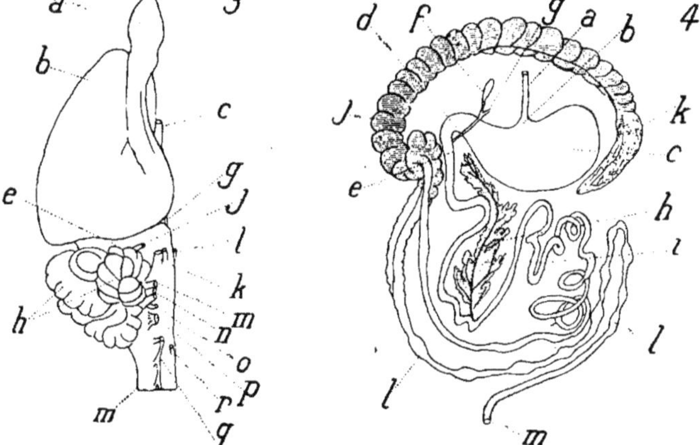

LAPIN (Encéphale et tube digestif)

LE CHIEN (CANIS FAMILIARIS)

---

1. Encéphale, vu par la face supérieure (1). — *a*, lobes olfactifs; *b*, hémisphères cérébraux; *c*, circonvolution; *d*, vermis médian du cervelet; *e*, lobes latéraux du cervelet; *f*, moelle.

2. Encéphale, vu par la face inférieure. — *a*, lobes olfactifs; *b*, hémisphères cérébraux; *c*, nerfs optiques; *d*, hypophyse; *e*, pédoncules cérébraux; *f*, protubérance annulaire ou pont de varole; *g*, moelle; *h*, nerfs de la troisième paire; *i*, nerfs de la quatrième paire; *j*, nerfs de la cinquième paire; *k*, nerfs de la sixième paire; *l*, nerfs de la septième paire; *m*, nerfs de la huitième paire; *n*, nerfs de la neuvième paire; *o*, nerfs de la dixième paire; *p*, nerfs de la onzième paire; *q*, nerfs de la douzième paire; *r*, cervelet.

3. Encéphale, vu de côté. — Mêmes lettres que la figure **2**.

4. Portion d'un crâne de chien (2). — *a*, maxillaire supérieur; *b*, maxillaire inférieur; *c*, narines; *d*, incisives; *e*, canines; *f*, molaires; *g*, carnassière.

(1) Le faire durcir, au préalable, par une immersion de quelques jours dans une solution de formol à 8 p. 100.
(2) On peut aussi examiner les crânes d'autres Carnassiers (Chat, etc.), la denture y étant, à peu près, la même.

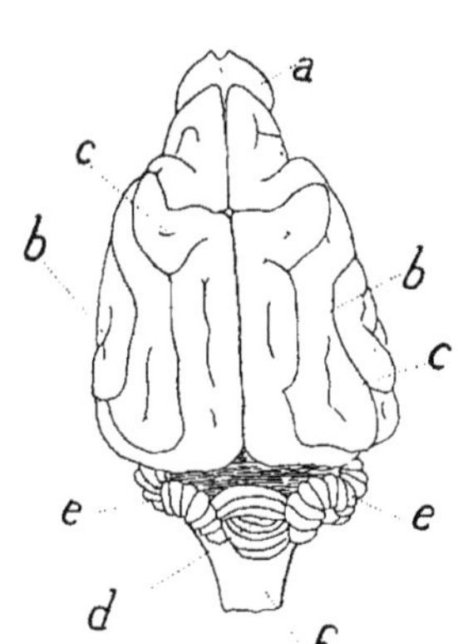

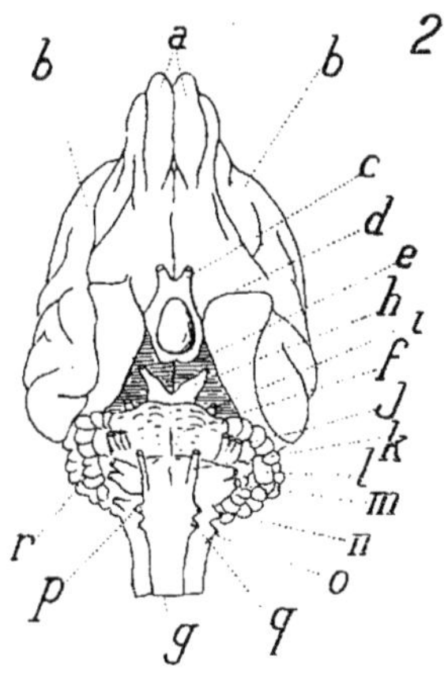

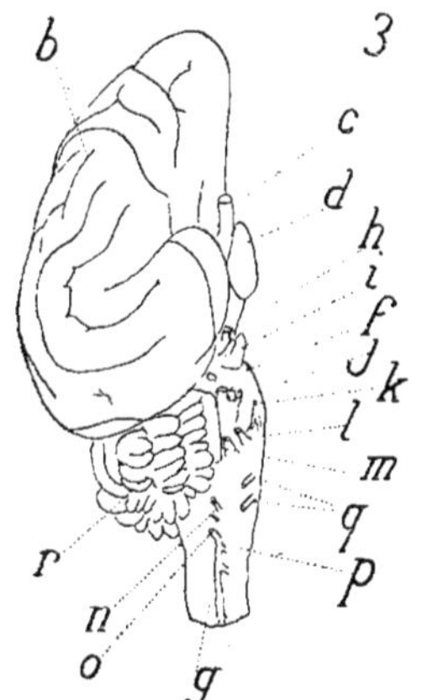

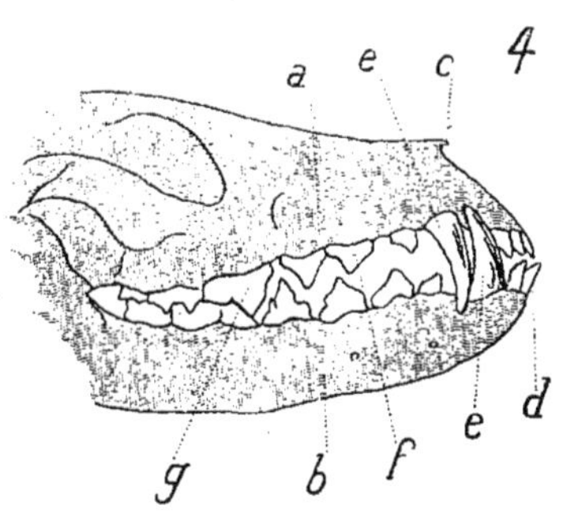

CHIEN (Encéphale et dentition)

II

OISEAUX

LE PIGEON (COLUMBA DOMESTICA)

1. Plume des ailes. — *a*, orifice nourricier ; *b*, tuyau ; *c*, barbes ; *d*, orifice généralement bouché, accompagné de barbules libres.

2. Plume de la queue. — Mêmes lettres que **1**.

3. Encéphale, vu par la face supérieure. — *a*, lobes olfactifs ; *b*, hémisphères cérébraux (la surface en est lisse) ; *c*, cervelet ; *d*, moelle allongée ; *e*, tubercules bijumeaux ; *f*, nerfs de la cinquième paire ; *g*, nerfs de la septième paire ; *h*, nerfs de la huitième paire ; *i*, nerfs de la neuvième paire ; *j*, nerfs de la dixième paire ; *k*, nerfs de la onzième paire.

4. Encéphale, vu par la face inférieure. — *a*, lobes olfactifs ; *b*, hémisphères cérébraux ; *c*, bandelette optique ; *d*, tubercules bijumeaux ; *e*, hypophyse : *f*, moelle ; *g*, nerfs olfactifs ; *h*, nerfs optiques ; *i*, nerfs de la troisième paire ; *j*, nerfs de la quatrième paire ; *k*, nerfs de la cinquième paire ; *l*, nerfs de la sixième paire ; *m*, nerfs de la septième paire ; *n*, nerfs de la huitième paire ; *o*, nerfs de la neuvième paire ; *p*, nerfs de la dixième paire ; *q*, nerfs de la onzième paire ; *r*, nerfs de la douzième paire ; *s*, nerfs rachidiens.

5. Encéphale, vu par le côté. — Mêmes lettres que **4**. *t*, cervelet. — Nota : A compléter par une coupe longitudinale médiane (avec un rasoir) pour en voir les cavités internes (ventricules).

(1) On peut l'étouffer en comprimant, avec la main, sa région thoracique ou l'asphyxier en plongeant, de force, sa tête dans de l'eau. On peut aussi le tuer en le mettant dans un bocal avec quelques gouttes de chloroforme. — N'acheter que des vieux pigeons, qui, d'ailleurs, sont moins recherchés, pour la table, que les jeunes, et, par suite, coûtent moins cher.

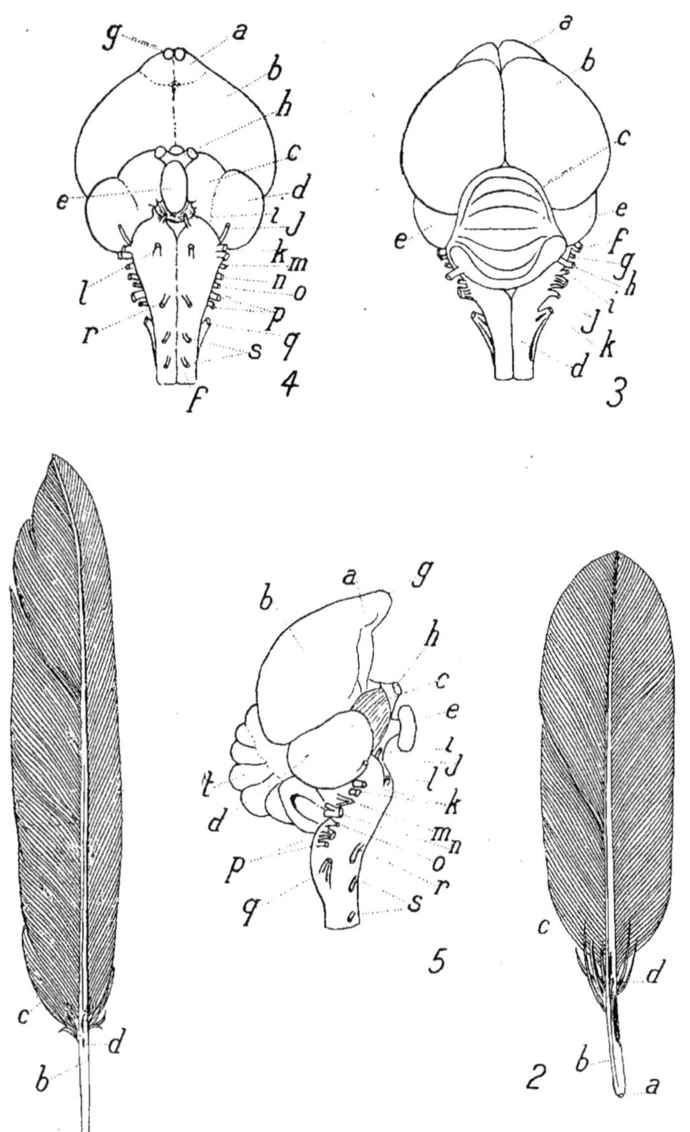

PIGEON (Encéphale et plumes)

LE PIGEON (COLUMBA DOMESTICA) [1]

1. Cœur et gros vaisseaux qui en partent (vus par la face ventrale). — *a*, oreillette gauche ; *b*, ventricule gauche ; *c*, oreillette droite ; *d*, ventricule droit ; *e*, crosse aortique (remarquer qu'elle tourne à droite) (1) ; *f*, veine cave supérieure gauche ; *g*, veine cave supérieure droite ; *h*, veine jugulaire ; *i*, artère carotide ; *k*, tronc brachio-céphalique gauche ; *l*, tronc brachio-céphalique droit ; *m*, veine cave inférieure. — On n'a pas figuré les vaisseaux des poumons.

2. Cœur, coupé en travers. — *a*, ventricule gauche ; *b*, ventricule droit.

3. Œuf, coupé en long (2) **(grossi trois fois).** — *a*, coquille calcaire ; *b*, membrane coquillière ; *c*, chambre à air ; *d*, blanc ; *e*, jaune ; *f*, cicatricule ; *g*, chalazes.

4. Squelette (3). — *a*, crâne, *b*, bec ; *c*, cavité orbitaire ; *d*, vertèbres cervicales (remarquer leur grande mobilité, ainsi que la soudure complète des vertèbres sacrées) ; *e*, clavicule (ce sont les clavicules soudées qui forment la « fourchette » ; *f*, sternum (il est réuni à l'épaule par les coracoïdes) ; *g*, bréchet ; *i*, os iliaque ; *j*, ischion ; *k*, pubis (la ceinture pelvienne est soudée aux vertèbres sacrées) ; *l*, humérus ; *o*, carpe ; *p*, métacarpe ; *q*, phalange ; *r*, fémur (il est dirigé en avant) ; *s*, tibia ; *t*, péroné ; *u*, tarso-métatarse (formé par la soudure des quatre métatarsiens et de la portion inférieure du tarse) ; *v*, doigts ; *w*, côtes (les côtes présentent, en leur milieu, une articulation qui permet la dilatation de la cage thoracique ; chacune d'elles présente une apophyse oncinée la réunissant à la suivante, ce qui augmente la solidité du thorax).

(1) A son intérieur, il y a des *valvules sigmoïdes.*
(2) Peut être remplacé par un œuf de poule ou de canard, dont la constitution est la même.
(3) Examiner un os isolé pour constater qu'il est creux.

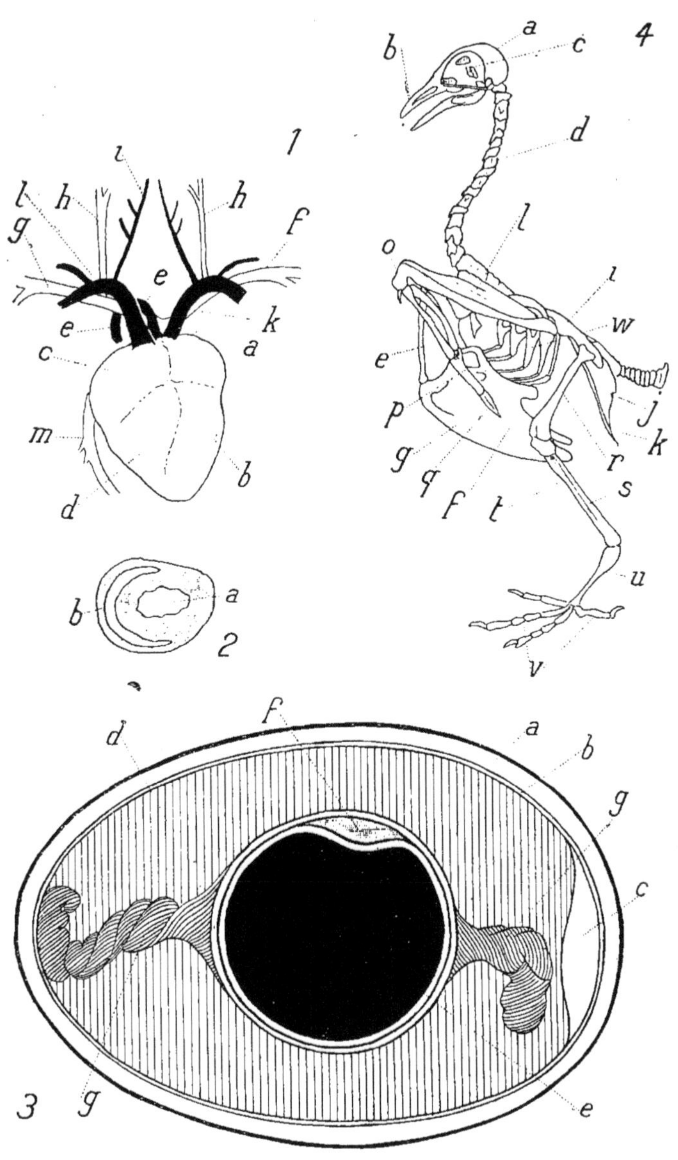

PIGEON (Cœur, squelette et œuf)

LE PIGEON (COLUMBA DOMESTICA)

1. Tube digestif (1). — *a*, œsophage (ses parois sont minces); *b,* jabot (ses parois délicates adhèrent aux téguments); *c*, estomac succenturié (il est recouvert par le foie, qu'il faut, pour le voir, écarter à droite et à gauche); *d*, gésier (il contient du gravier avalé par le pigeon et destiné à faciliter la trituration des aliments; ses parois internes sont constituées par une croûte coriace, presque pierreuse); *e*, duodénum; *f*, intestin; *g*, cœcum; *h*, rate (elle est petite et située au-dessous du foie et du gésier); *i*, foie (il est rouge foncé, compact, formé de deux *lobes ;* celui de gauche est plus petit que celui de droite; il n'y a pas de *vésicule biliaire*; à remarquer les deux *canaux cholédoques*, qui sont, ici, figurés); *j*, pancréas (teinte rosée; trois canaux); *k*, glande de Fabricius; *l*, cavité cloacale (ouverte); *m*, conduits urinaires; *n*, conduits des organes génitaux mâles; *o*, orifice de la glande de Fabricius; *p*, orifice cloacal.

2. Organes génito-urinaires mâles. — *a*, reins (formés, chacun, de trois lobes); *b*, capsules surrénales (teinte jaunâtre); *c*, conduits urinaires; *d*, cavité cloacale ouverte; *e,* glande de Fabricius; *f*, orifice cloacal; *g*, testicules (ils sont blancs et situés sur le lobe antérieur des reins); *h*, conduits déférents (ils sont onduleux). — Il n'y a pas de vessie.

3. Organes génito-urinaires femelles. — *a,* reins; *b*, capsules surrénales; *c*, conduits urinaires; *d*, cavité cloacale ouverte; *e*, glande de Fabricius; *f*, orifice cloacal; *g*, ovaire gauche (celui de droite est avorté), formé d'ovules plus ou moins gros, suivant leur âge); *h*, pavillon; *i,* oviducte gauche (large canal plissé, irrégulier) : la région antérieure sécrète le « blanc d'œuf », et, la région postérieure, la coquille; *j*, oviducte droit (presque entièrement avorté).

4. Appareil respiratoire, vu par la face antérieure. — *a*, trachée (elle est soutenue par des anneaux cartilagineux complets; à l'entrée est, le *larynx*); *b*, bronches; *c*, syrinx (il renferme une membrane tympanique tendue par des muscles); *d*, poumons (ils sont accolés à la paroi thoracique); *e,f,g,h*, orifices conduisant dans les sacs aériens (lesquels ont une paroi mince et de dissection très difficile; on peut les injecter avec une masse à la gélatine, après avoir — pour laisser échapper l'air y contenu — sectionné l'extrémité des fémurs et des humérus); *e*, orifice du sac cervical; *f*, orifice du sac interclaviculaire; *g*, orifice du sac sous-œsophagien; *h*, orifice du sac abdominal.

5. Œil, avec la sclérotique disséquée. — *a*, disques cartilagino-osseux.

(1) On n'a pas représenté la bouche qui s'ouvre entre les deux mandibules cornées et est dépourvue de dents. En ouvrant la bouche de force, remarquer, au plafond de la cavité buccale, une fente longitudinale (ouverture interne des narines); en arrière de cette fente, les orifices des *trompes d'Eustache* (ils sont entourés d'un amas glandulaire); la langue cornée (forme d'un fer de lance), sur le plancher buccal; l'ouverture de la glotte (elle est entourée de tissu glandulaire); l'entrée de l'œsophage.

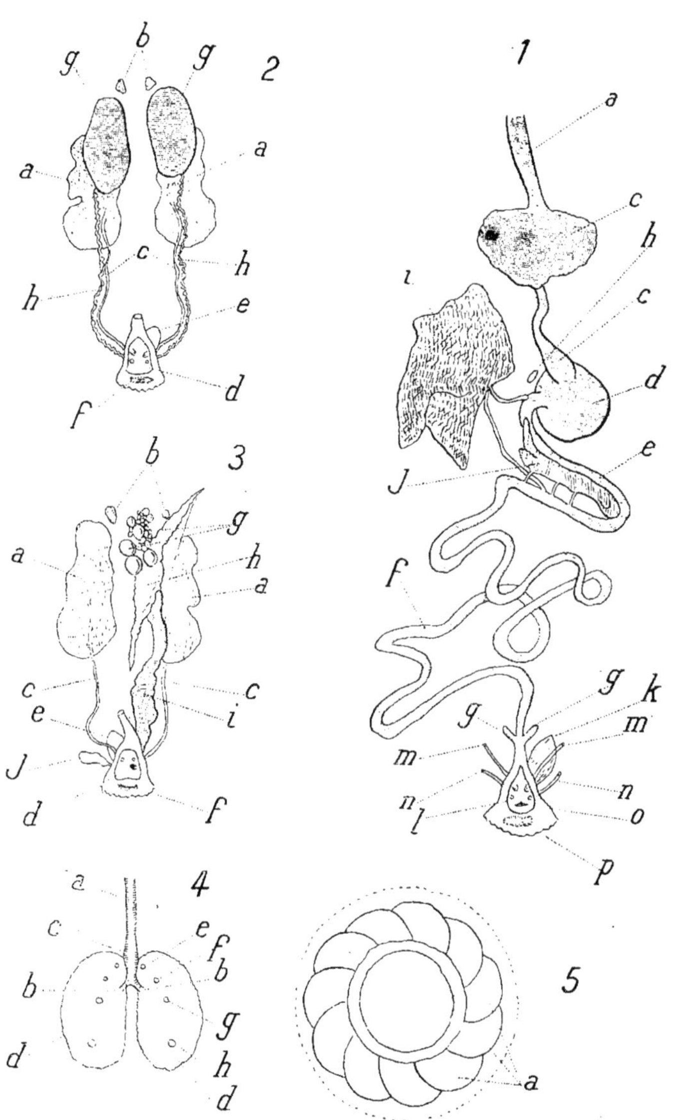

PIGEON (Tube digestif, organes génito-urinaires, etc.)

III

REPTILES

LE LÉZARD VERT (LACERTA VIRIDIS) [1]

1. Dissection sommaire (l'animal est couché sur le dos; on l'a ouvert par une incision longitudinale dans la région ventrale). — *a*, langue; *b*, trachée; *c*, poumons; *d*, cœur; *e*, œsophage; *f*, estomac; *g*, foie; *h*, rate; *i*, pancréas; *j*, intestin; *k*, organes génitaux femelles; *l*, reins; *m*, cloaque.

2. Palais de la mâchoire inférieure (*a*) **et langue** (*b*). — *c*, orifice du larynx.

3. Œil, avec les plaques osseuses de la sclérotique.

4. Organes génito-urinaires femelles. — *a*, rein; *b*, orifice de l'uretère dans le cloaque; *c*, vessie urinaire; *d*, rectum; *e*, ovaires; *f*, oviductes; *g*, pavillons.

5. Organe offactif coupé longitudinalement (schéma). — *a*, cavité nasale externe; *b*, cavité nasale interne; *c*, arrière-narines; *d*, papille de l'organe de Jacobson; *e*, communication de l'organe de Jacobson avec la cavité buccale.

6. Cœur et gros vaisseaux qui en partent. — *a*, ventricule; *b*, oreillette; *c*, tronc brachio-céphalique; *d*, premier arc aortique; *e*, deuxième aortique; *f*, artère pulmonaire; *g*, veine pulmonaire; *h*, aorte; *i*, artères sous-clavières; *j*, veine jugulaire; *k*, veine sous-clavière; *l*, veine cave inférieure.

[1] Comme exemples de Reptiles, on peut aussi prendre la Couleuvre, la Vipère, la Tortue.

LÉZARD VERT

VI

BATRACIENS

LA GRENOUILLE [1] (RANA TEMPORARIA)

1. Grenouille, vue de côté. — *a*, orifice d'une narine; *b*, œil; *c*, tympan (situé au fond d'une légère dépression); *d*, bouche; *e*, plancher, de la cavité buccale, dont les mouvements rythmiques font pénétrer et sortir l'air des poumons; *f*, membre antérieur; *g*, membre postérieur. — La peau est nue et contient de nombreuses glandes à mucus.

2. Bouche, avec la langue représentée dans trois positions. — *a*, œil; *b*, langue au repos (en arrière se trouve l'ouverture de la *glotte* — elle est entourée d'un cartilage — et, dans le fond, l'entrée de l'*œsophage*); *c*, langue relevée vers le haut; *d*, langue projetée en avant; *e*, orifice d'une narine. — Constater la présence, sur le plafond de la bouche, d'une rangée de très petites dents; entre les orifices des narines internes, *il y a deux* groupes de *dents vomériennes*. Vers le milieu du plafond buccal, il y a les orifices des *trompes d'Eustache*, placées en dehors et en arrière des saillies formées par les *globes oculaires*.

3. Dissection sommaire d'une grenouille femelle étalée sur le dos, le corps fendu sur la ligne médiane ventrale et les organes un peu éloignés les uns des autres; — *a*, poumons; *b*, cœur; *c*, foie, formé de quatre lobes (relevé vers le haut); *d*, estomac. *e*, pancréas (il enveloppe, en partie, le *canal cholédoque*); *f*, vésicule biliaire; *g*, rate (arrondie; rouge sombre); *h*, intestin et mésentère; *i*, rectum; *j*, ovaire; *k*, oviducte; *l*, reins; *m*, vessie urinaire (elle est mince et bilobée); *n*, corps adipeux jaune.

4. Cartilages du larynx. — Le *larynx* est très court. Les *poumons* sont lisses à l'extérieur, mais, à l'intérieur, présentent des plis saillants et anastomosés.

(1) A la place de la Grenouille, on peut prendre le Crapaud.

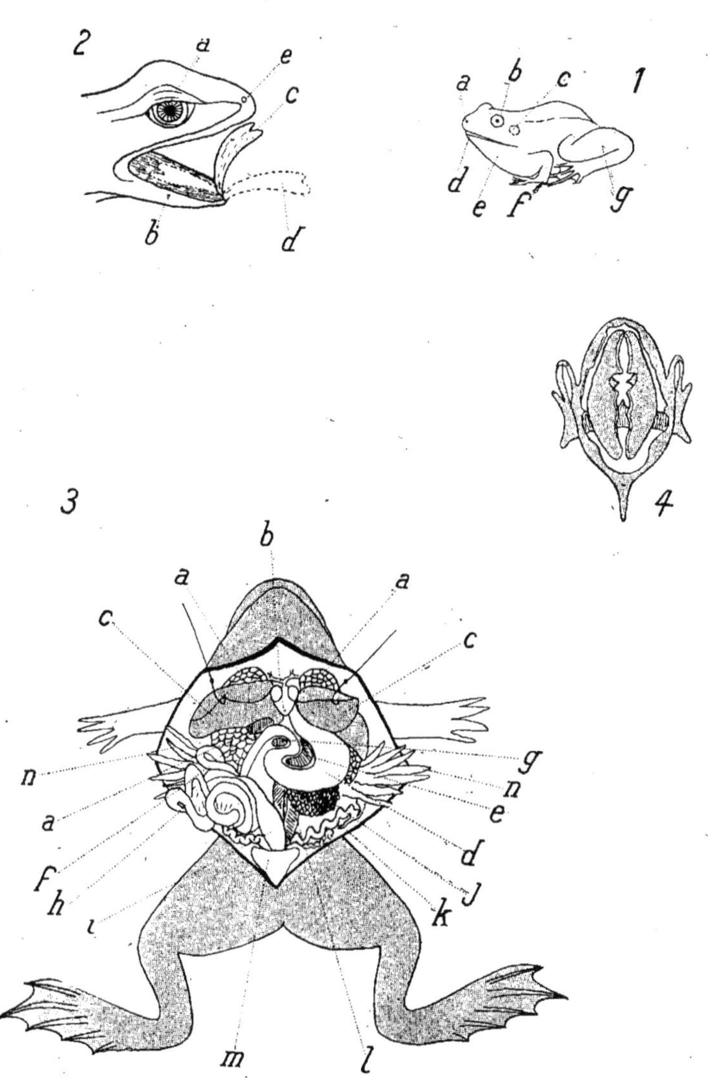

GRENOUILLE *(Extérieur, Dissection générale, etc...)*

LA GRENOUILLE (RANA TEMPORARIA)

1. Ensemble du tube digestif (moins les glandes annexes). — *a*, œsophage, assez court, (dont les cellules ciliées de la muqueuse sont faciles à voir au microscope); *b*, estomac; *c*, duodénum; *d*, intestin (les anses sont réunies par un mésentère); *e*, rectum; *f*, vessie urinaire rejetée de côté; *g*, cloaque.

2. Foie. — *a*, oreillette; *b*, ventricule; *c*, lobes du foie : ils sont au nombre de quatre (la *vésicule biliaire* se trouve sous le lobe latéral); *d*, estomac; *e*, intestin.

3. Palais de la mâchoire supérieure. — *a*, orifices des narines; *b*, dents; *c*, bosses produites par les globes oculaires; *d*, orifice des trompes d'Eustache; *e*, palais.

4. Ensemble du système nerveux, vu par la face ventrale. — *a*, nerfs olfactifs; *b*, hémisphères cérébraux, *c*, nerfs optiques; *d*, moelle épinière; *e*, nerfs rachidiens; *f*, ganglions du sympathique; *g*, anastomoses entre les nerfs rachidiens et les ganglions du sympathique.

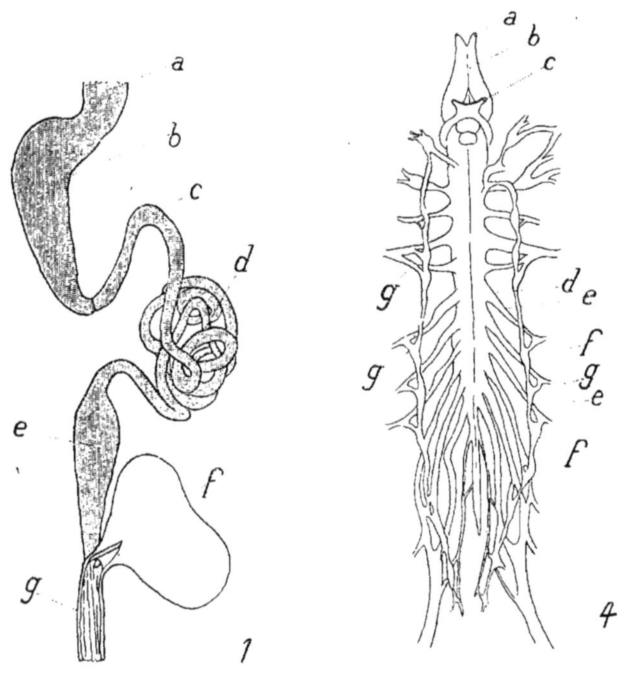

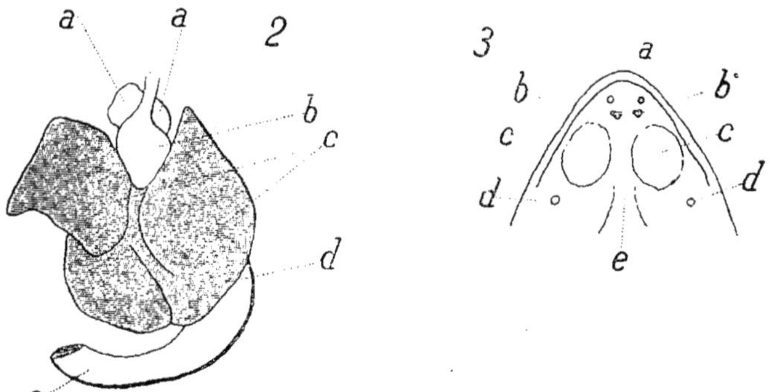

GRENOUILLE *(Tube digestif, système nerveux).*

LA GRENOUILLE (RANA TEMPORARIA)

1. **Encéphale vu par la face supérieure.** — *a*, nerfs olfactifs; *b*, lobes olfactifs; *c*, hémisphères cérébraux; *d*, lacune entre les deux hémisphères; *e*, cerveau intermédiaire; *f*, lobes optiques; *g*, cerveau moyen (le *cervelet* est réduit à une bande très étroite); *h*, arrière-cerveau; *i*, moelle; *j*, nerfs de la cinquième paire; *k*, nerfs de la septième paire; *l*, nerfs de la huitième paire; *m*, nerfs des neuvième, dixième et onzièmes paires; *n*, nerf rachidien.

2. **Encéphale, vu par la face inférieure.** — *a*, nerfs olfactifs; *b*, lobes olfactifs; *c*, hémisphères cérébraux; *d*, lacune entre les deux hémisphères; *e*, cerveau intermédiaire; *f*, lobes optiques; *g*, infundibulum; *h*, hypophyse; *i*, arrière-cerveau; *j*, moelle, *k*, bandelette optique; *l*, nerf optique; *m*, nerfs de la troisième paire; *n*, nerfs de la quatrième paire; *o*, nerfs de la cinquième paire; *p*, nerfs de la sixième paire; *q*, nerfs de la septième paire; *r*, nerfs de la huitième paire; *s*, nerfs de la neuvième, dixième et onzième paires; *t*, nerfs de la douzième paire; *u*, nerfs rachidiens.

3. **Encéphale, vu de côté.** — Mêmes lettres que **2**.

4. **Encéphale, vu en coupe sagittale.** — *a*, cerveau antérieur; *b*, cerveau moyen; *c*, cerveau postérieur; *d*, arrière-cerveau; *e*, lobe olfactif; *f*, nerf olfactif; *g*, nerf optique; *h*, nerf pathétique; *i*, épiphyse; *j*, chiasma des nerfs optiques; *k*, commissure antérieure; *l*, corps calleux; *m*, trou de Monro; *n*, plexus choroïde; *o*, commissure supérieure; *p*, commissure postérieure; *q*, couche optique; *r*, aqueduc de Sylvius; *s*, infundibulum; *t*, hypophyse

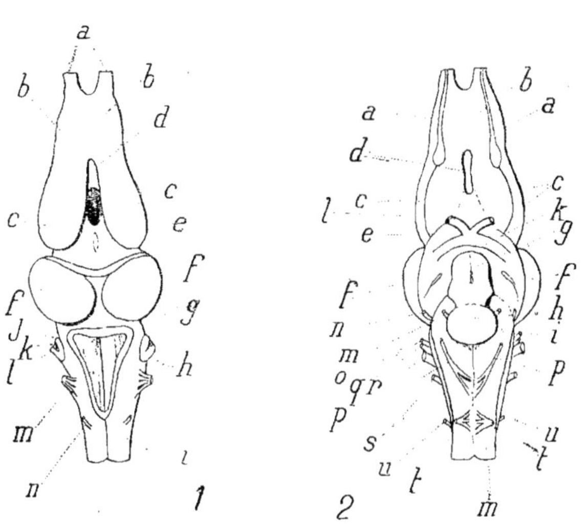

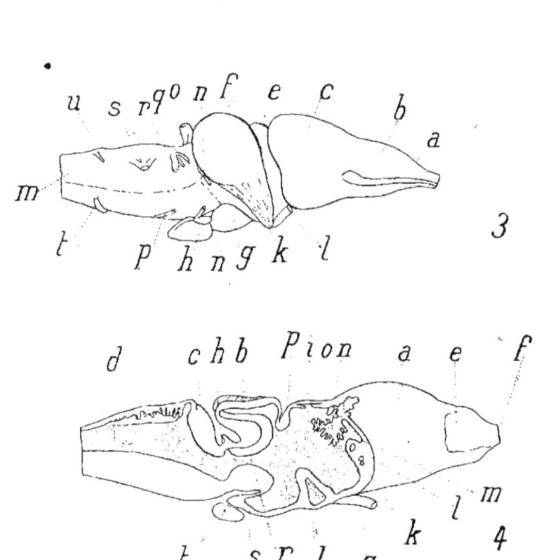

GRENOUILLE (Encéphale).

LA GRENOUILLE (RANA TEMPORARIA)

1. Ensemble de l'appareil circulatoire (imité de Remy Perrier) (1). — *a*, oreillettes; *b*, ventricule (le *cœur* est enveloppé d'un *péricarde* et placé au-dessous du *sternum*); *c*, tronc aortique commun; *d*, artère carotide; *e*, glande carotidienne; *f*, racine aortique; *g*, artère vertébrale; *h*, artère sous-clavière; *i*, aorte commune; *j*, tronc cœliaque; *k*, artères intercostales; *l*, artères iliaques; *m*, veines iliaques; *n*, réseau du système porte rénal; *o*, veine abdominale; *p*, veine porte hépatique; *q*, réseau du système porte hépatique; *r*, veine sus-hépatique; *s*, veine cave inférieure; *t*, veine cardinale postérieure ou azygos; *u*, veine cardinale antérieure ou jugulaire; *v*, veine sous-clavière; *w*, sinus veineux; *x*, canal de Cuvier; *y*, artère pulmonaire; *z*, veine pulmonaire; *α*, artère cutanée.

2. Organes génito-urinaires mâles. — *a*, reins (la face inférieure de chaque rein est parcourue par la *capsule surrénale*, qui se présente comme une longue bande jaune clair); *b*, uretères; *c*, orifices des uretères dans le cloaque; *d*, vésicules séminales (qui n'existent pas chez *Rana esculenta*); *e*, testicules (ils sont arrondis, jaunes) : *f*, corps adipeux jaune; *g*, veine cave inférieure; *h*, aorte; *i*, veines afférentes de la circulation de la veine porte rénale.

3. Constitution des organes génito-urinaires mâles. — *a*, testicule; *b*, corps adipeux jaune constituant des réserves nutritives; *c*, réseau testiculaire; *d*, canal anastomotique longitudinal; *e*, dilatation ampullaire; *f*, canalicules transversaux; *g*, rein; *h*, canal de Wolff.

4. Organés genito-urinaires femelles. — *a*, ovaires (ils sont reliés aux reins et à la colonne vertébrale par des bribes mésentériques); *b*, oviducte; *c*, pavillon de l'oviducte; *d*, partie renflée de l'oviducte; *e*, orifices des oviductes dans le cloaque; *f*, reins; *g*, orifices des uretères dans le cloaque. — Nota : comme chez le mâle, il y a des houppes adipeuses jaunes, qui n'ont pas été, ici, figurées.

(1) Pratiquer l'injection par le ventricule.

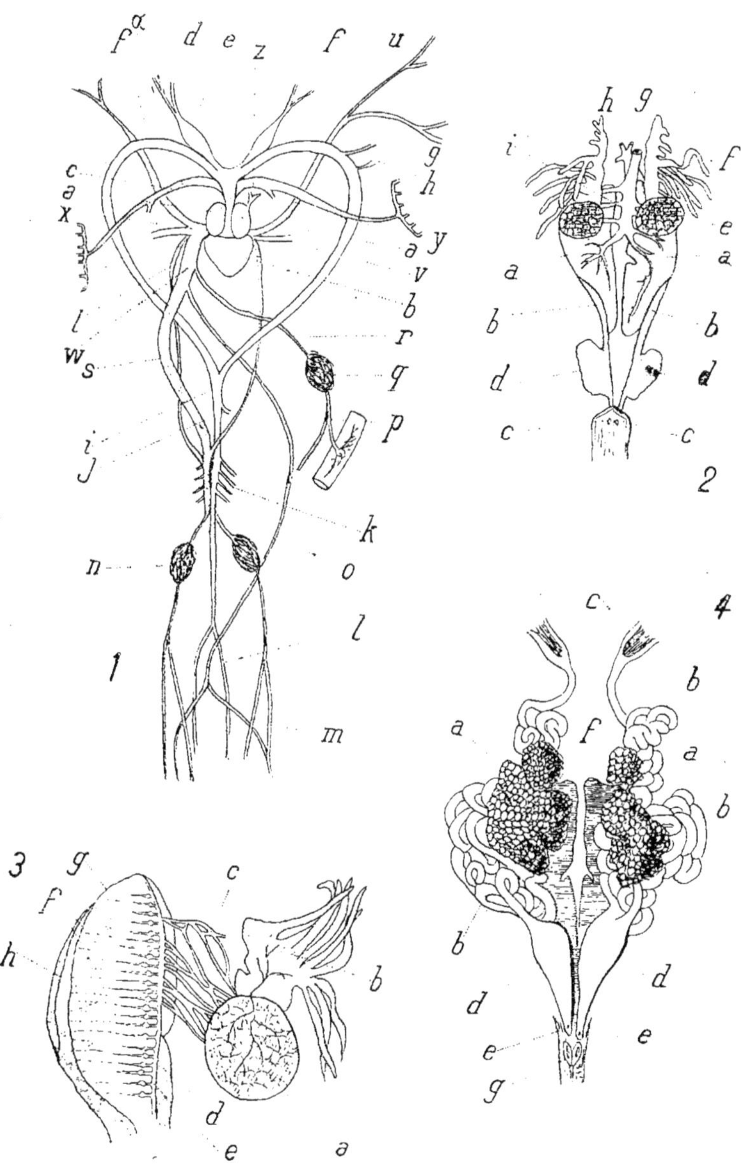

GRENOUILLE *(Appareil respiratoire, Organes génito-urinaires).*

V

POISSONS

LA ROUSSETTE ET LE CHIEN DE MER[1]
(SCYLLIUM CANICULA ET ACANTHIAS VULGARIS)

1. Roussette, vue de côté. — *a*, bouche; *b*, œil: *c*, narines; *d*, fentes branchiales (elles portent, sur leurs deux faces, des séries de lamelles branchiales); *e*, nageoires dorsales; *f*, nageoire caudale; *g*, nageoire anale; *h*, nageoires ventrales: *i* nageoires pectorales; *j*, évent (les *évents* font communiquer la cavité pharyngienne avec l'extérieur).

2. Chien de mer, vu de côté. — Mêmes lettres que **1**. *l*, ligne latérale. — La peau est recouverte de très petites écailles lui donnant un aspect chagriné.

3. Région des nageoires ventrales (*a*) chez la femelle. — *b*, anus; *c*, orifice urinaire; *d*, orifice génital; *e*, pores abdominaux (dont l'existence est instable), faisant communiquer la *cavité générale* avec l'extérieur.

4. Région des nageoires ventrales (*a*) chez le mâle. — *b*, anus; *c*, éminence uro-génitale; *d*, pores abdominaux (dont l'existence est instable); *e*, appendices copulateurs (ptérygopodes).

5. Écaille de la peau (grossie).

6. Région buccale. — *a*, bouche (chaque mâchoire porte plusieurs rangées de *dents* dont les postérieures sont des dents de remplacement; remarquer la *langue* sur le plancher de la *cavité buccale*; pas de *glandes salivaires*); *b*, narines (la fente nasale est garnie d'un repli la divisant en deux orifices pour permettre l'entrée et la sortie de l'eau).

7. Tube digestif (il n'y a pas de *vessie natatoire*). — *a*, œsophage; *b*, estomac (à la courbure stomacale est suspendue, par un repli mésentérique, la *rate*, qui est triangulaire, de teinte lie de vin); *c*, duodenum; *d*, intestin (il est soutenu par un mésentère) *e*, glande sus-anale; *f*, rectum; *g*, anus; *h*, foie; *i*, vésicule biliaire (le *canal cholédoque* suit le bord du mésentère et débouche dans la partie antérieure de l'intestin), *j*, pancréas (jaunâtre.)

8. Appareil urinaire chez la femelle. — *a*, corps de Wolff; *b*, reins; *c*, sinus uirnaires; *d*, orifice urinaire.

(1) Leur anatomie est presque identique. On peut étudier sur l'un ou l'autre à volonté les caractères des Sélaciens : les dessins ici représentés sont surtout relatifs à la Roussette. A défaut d'eux, prendre la Raie, notamment pour le système nerveux, très facile à disséquer.

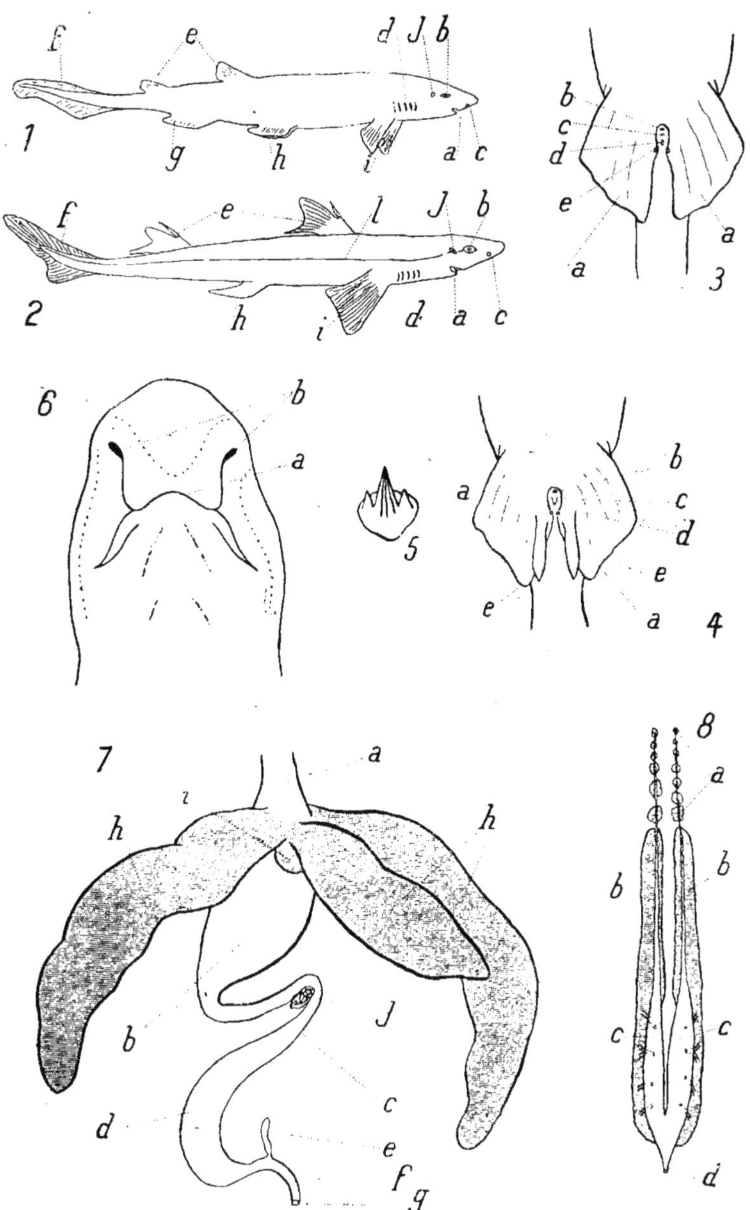

ROUSSETTE ET CHIEN DE MER

LA ROUSSETTE ET LE CHIEN DE MER
(SCYLLIUM CANICULA ET ACANTHIAS VULGARIS)

1. **Encéphale, vu par la face supérieure.** — *a*, cerveau antérieur; *b*, lobe olfactif, s'étalant contre les sacs olfactifs; *c*, bandelette olfactive; *d*, cerveau intermédiaire: *e*, glande pinéale coupée: *f*, cerveau moyen; *g*, cerveau postérieur; *h*, arrière-cerveau; *i*, sinus rhomboïdal; *j*, nerfs optiques; *k*, nerfs de la quatrième paire; *l*, nerfs de la septième paire; *m*, nerfs de la huitième paire; *n*, nerfs de la neuvième paire; *o*, nerfs de la dixième paire.

2. **Encéphale, vu par la face inférieure.** — Mêmes lettres que **1**. *p*, lobes inférieurs; *q*, hypophyse; *s*, *saccus vasculosus*; *t*, nerfs des cinquième et septième paires; *u*, nerfs de la sixième paire.

3. **Encéphale, vu par le côté.** — *a*, cerveau antérieur; *b*, lobe olfactif; *c*, bandelette olfactive; *d*, cerveau intermédiaire; *e*, glande pinéale coupée; *f*, lobes inférieurs: *g*, hypophyse; *h*, *saccus vasculosus*; *i*, cerveau moyen; *j*, cerveau postérieur; *k*, arrière-cerveau; *l*, nerfs optiques; *m*, nerfs de la troisième paire; *n*, nerfs de la cinquième paire; *o*, nerfs de la sixième paire; *p*, nerfs de la septième paire; *q*, nerfs de la huitième paire; *r*, nerfs de la neuvième paire; *s*, nerfs de la dixième paire.

4. **Nerfs de la région céphalique, vus de côté.** — *a*, nerf optique; *b*, nerf moteur oculaire commun; *c*, nerf pathétique; *d*, nerf trijumeau; *e*, nerf moteur oculaire externe; *f*, nerf facial; *g*, nerf glosso-pharyngien; *h*, nerf vague; *i*, fentes branchiales; *j*, nerfs rachidiens; *k*, plexus brachial; *l*, capsule auditive; *m*, évent; *n*, orbite; *o*, bouche.

5. **Œuf**, un peu plus petit que grandeur naturelle (sa paroi est cornée).

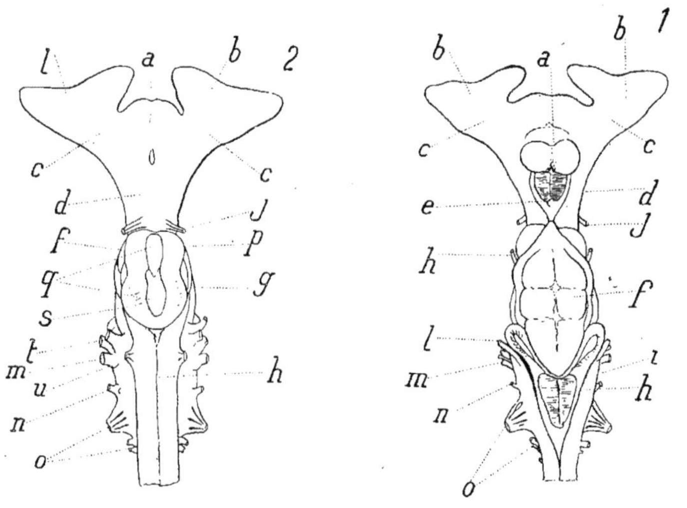

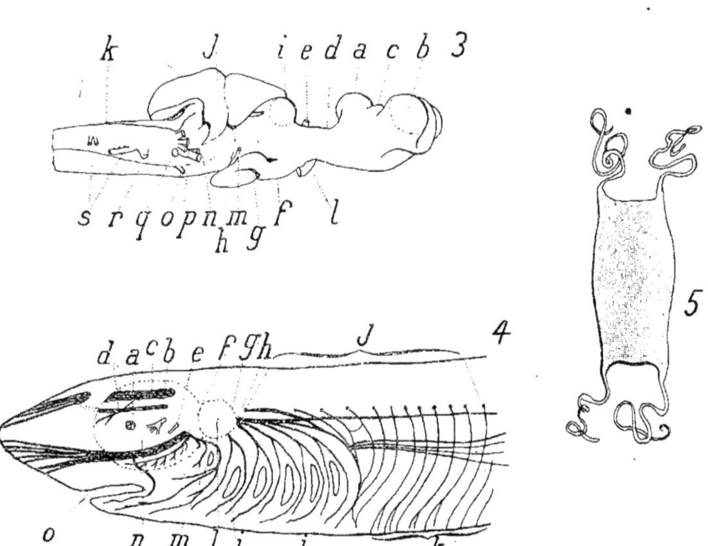

ROUSSETTE ET CHIEN DE MER (*Système nerveux*).

LA ROUSSETTE ET LE CHIEN DE MER
(SCYLLIUM CANICULA et ACANTHIAS VULGARIS)

1. Organes génitaux femelles. — *a*, ovaires (il n'y en a qu'un chez l'**Acanthias vulgaris**), où il est soutenu par un repli du mésentère); *b*, pavillon; *c*, oviducte; *d*, rectum; *e*, anus; *f*, orifice urinaire; *g*, orifice génital.

2. Organes génito-urinaires mâles (demi-schématique). — *a*, testicules figurés très schématiquement (il y a, en réalité, deux testicules blanchâtres situés entre le tube digestif et les reins qu'ils recouvrent); *b*, canaux efférents; *c*, canal de Wolff (la partie grise qui entoure, sur le dessin, les canaux de Wolff sont les *reins* ou *corps de Wolff*; ils sont appliqués contre la colonne vertébrale); *d*, vésicule séminale; *e*, sinus uro-génital; *f*, sac spermatique; *g*, papille uro-génitale; *h*, canaux du rein définitif; *i*, uretères; *j*, orifice avec rudiments d'oviductes, représentant des organes femelles avortés.

3. Cœur ouvert. — *a*, oreillette; *b*, ventricule; *c*, bulbe artériel; *d*, valvules du cône artériel; *e*, valvules auriculo-ventriculaires.

4. Cœur. — *a*, oreillette; *b*, ventricule (il est situé ventralement par rapport à l'oreillette); *c*, sinus veineux (il y vient déboucher les *canaux de Cuvier* et la *veine porte sus-hépatique*); *d*, arcs aortiques; *e*, bulbe aortique. — Le cœur est enveloppé d'un *péricarde* cartilagineux.

5. Valvule spirale de l'intestin, allant depuis l'estomac jusqu'au rectum; pour bien l'observer, isoler un intestin, e gonfler d'air, puis l'ouvrir après l'avoir laissé sécher.

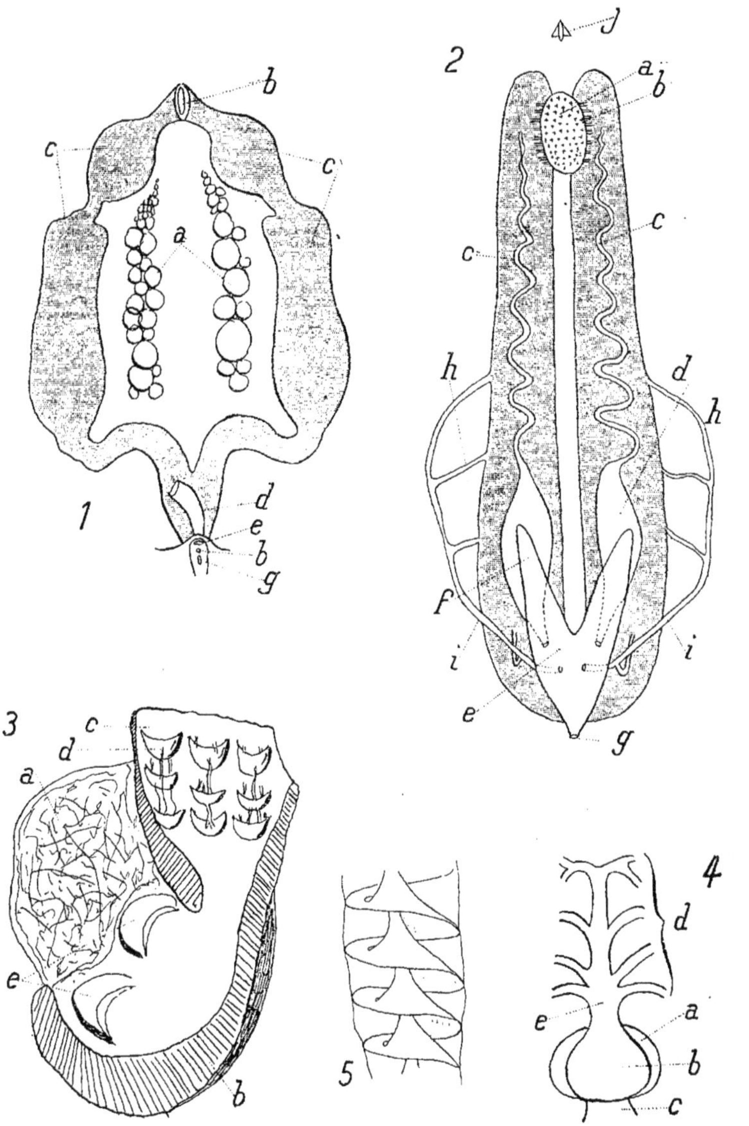

ROUSSETTE ET CHIEN DE MER (Organes génito-urinaires, cœur, etc.)

LE MERLAN (GADUS MERLANGUS)[1]

—————

1. Merlan, vu de côté. — *a*, nageoires dorsales; *b*, nageoire caudale; *c*, nageoires anales; *d*, anus, orifice génital et orifice urinaire; *e*, nageoires abdominales; *f*, nageoires pectorales; *g*, fente de l'opercule; *h*, opercule; *i*, bouche et dents; *j*, narines; *k*, œil; *l*, tête; *m*, ligne latérale.

2. Encéphale, vu par la face supérieure. — *a*, lobes olfactifs; *b*, pédoncule olfactif; *c*, hémisphères cérébraux; *d*, glande pinéale; *e*, lobes optiques; *f*, cervelet; *g*, nerf trijumeau; *h*, nerf pneumogastrique; *i*, moelle épinière.

3. Tube digestif. — *a*, œsophage; *b*, petit lobe du foie; *c*, grand lobe du foie; *d*, estomac; *e*, diverticule du foie; *f*, appendices pyloriques; *g*, intestin; *h*, rectum; *i*, anus.

4. Cœur. — *a*, aorte; *b*, bulbe aortique; *c*, ventricule; *d*, oreillette.

5. Tête, vue par la face ventrale. — *a*, opercule un peu écarté; *b*, branchies; *c*, nageoires abdominales.

6. Portion d'une branchie. — *a*, arc osseux, garni d'épines; *b*, filaments branchiaux.

7. Deux écailles vues au microscope. — *a*, région pigmentée; *b*, zones concentriques d'accroissement; *c*, centre de l'écaille.

(1) Comme exemples de Téléostéens, on peut prendre de nombreuses autres espèces de Poissons osseux, comme, par exemple, la *Carpe*, la *Vive*, la *Truite*, le *Hareng*, le *Maquereau*, etc., que l'on choisira suivant les ressources locales.

—————

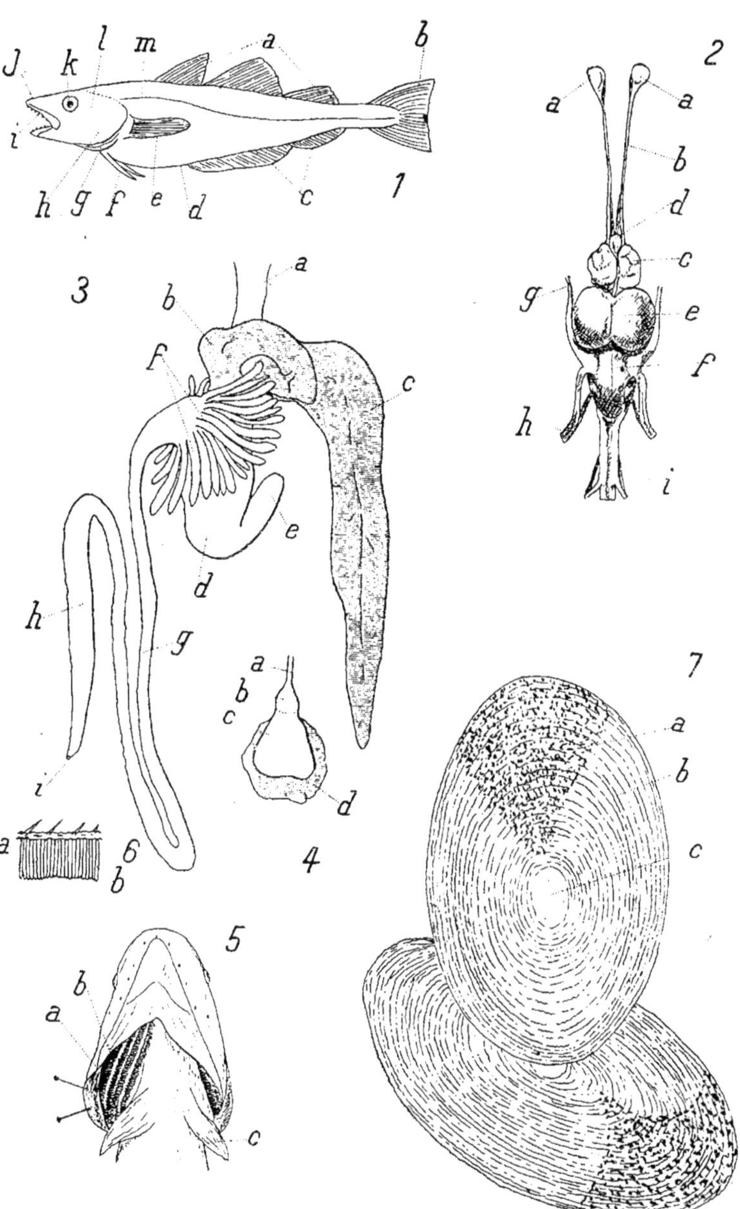

MERLAN

VI

MOLLUSQUES

LA SEICHE (SEPIA OFFICINALIS)

1. **Seiche, vue par la face ventrale.** — *a*, bras ordinaires (on n'a pas représenté les ventouses); *b*, bouche; *c*, bras tentaculaires; *d*, palette des bras tentaculaires couverte de ventouses; *e*, tête; *f*, siphon (il possède deux valvules latérales en cul-de-sac; il est uni au bord libre du manteau par deux boutons situés à la face interne de celui-ci); *g*, manteau; *h*, nageoires; *i*, flèche pénétrant dans la cavité palléale.

2. **Seiche, vue latéralement.** — *a*, bras; *b*, bras tentaculaires; *c*, tête; *d*, œil gauche; *e*, siphon; *f*, face ventrale; *g*, face dorsale; *h*, la coquille (os de seiche) supposée vue par transparence; *i*, cavité (supposée vue par transparence) où se retirent les bras tentaculaires.

3. **Seiche, vue par la face dorsale.** — *a*, yeux; *b*, emplacement de la coquille interne (*os de seiche*).

4. **Seiche vivante, vue de trois quarts, couchée sur la face ventrale.** — *a*, bras; *b*, entonnoir; *c*, œil.

5. **Les deux mandibules,** telles qu'elles sont emboîtées dans le bulbe buccal.

6. **Mandibules** écartées l'une de l'autre.

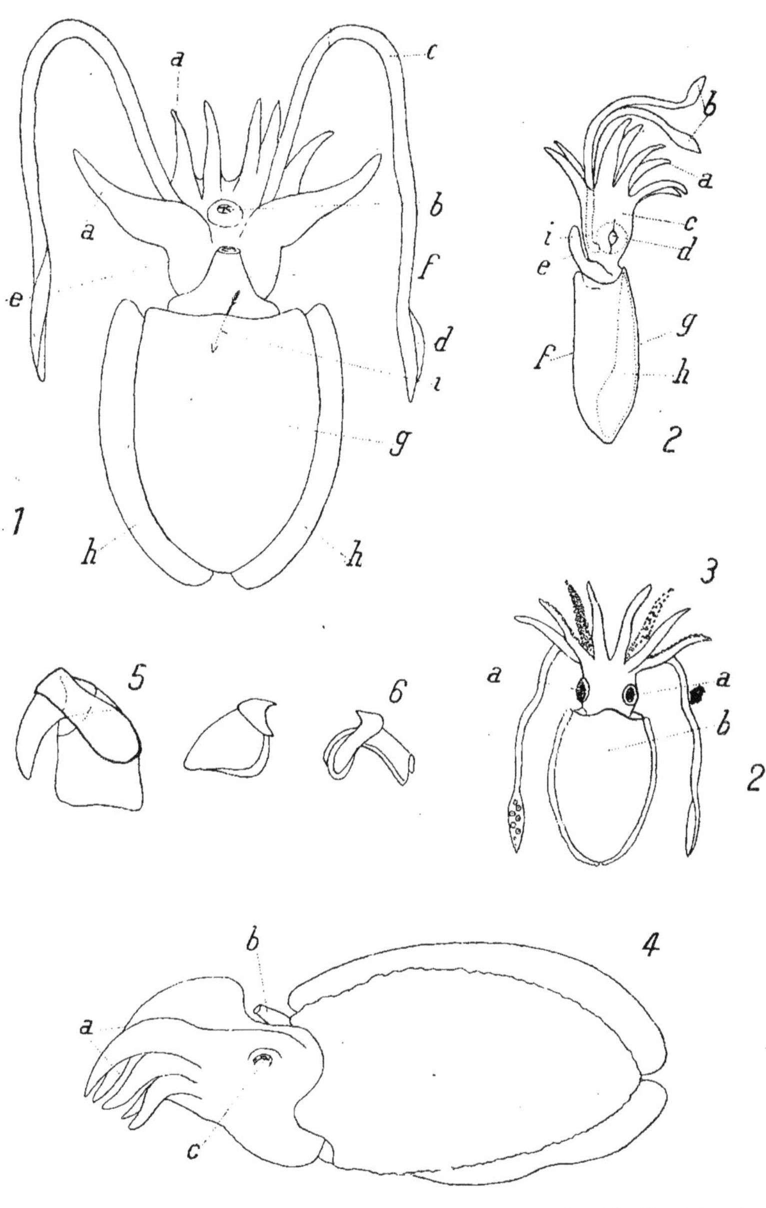

SEICHE (Extérieur).

LA SEICHE (SEPIA OFFICINALIS)

1. **Bulbe buccal coupé en long par une section antéro-postérieure.** — *a*, mandibule dorsale; *b*, mandibule ventrale; *c*, lèvre; *d*, langue; *e*, radula; *f*, conduit salivaire; *g*, œsophage.

2. **Ventouse coupée en long.** — *a*, pédicule; *b*, anneau corné; *c*, piston d*, sphincter; *e*, cavité acétabulaire.

3. **Palette d'un bras tentaculaire** couverte de ventouses.

4. **Seiche vue par la face ventrale avec le manteau (*d*) fendu et rabattu à droite et à gauche.** — *a*, bras; *b*, œil; *c*, entonnoir; *d*, manteau; *e*, branchies (elles adhèrent au manteau par des ligaments suspenseurs); *f*, masse viscérale (d'avant e arrière, il y a, successivement, la région hépato-pancréatique, la région urinaire et l région génitale); *g*, anus et (à l'intérieur) orifice de la poche du noir; *h*, orifices uri naires; *i*, orifice génital.

5. **Os de Seiche, vue par la surface supérieure.** — *a*, rostre.

6. **Radula, vue au microscope.**

7. **Cœur.** — *a*, ventricule; *b*, oreillettes; *c*, aorte céphalique; *d*, aorte abdomi nale; *e*, veines branchiales.

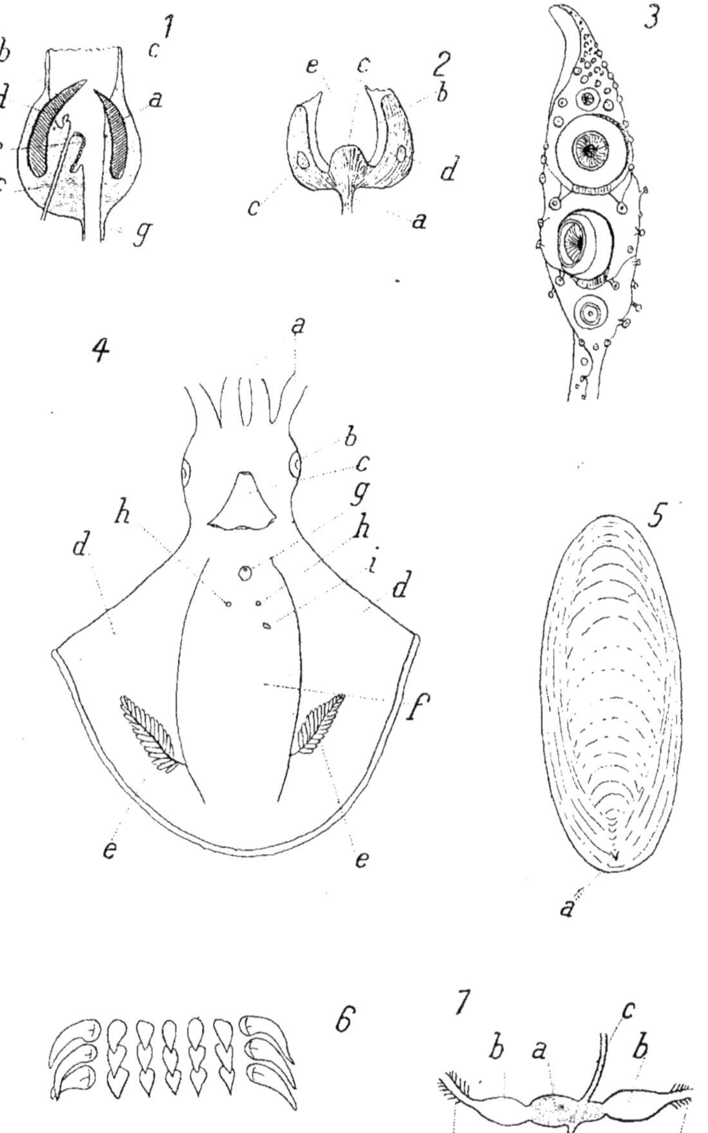

SEICHE (Organes divers).

LA SEICHE (SEPIA OFFICINALIS)

1. Ensemble du tube digestif. — *a*, bulbe buccal; *b*, glandes salivaires; *c*, œsophage; *d*, foie (teinte jaune rosé, à reflets irisés); *e*, estomac; *f*, appendices pancréatiques couvrant les conduits hépatiques; *g*, estomac spiral, où viennent s'ouvrir les conduits hépatiques; *h*, intestin; *i*, anus; *j*, poche du noir (accolée à l'estomac, elle possède un canal excréteur longeant le rectum).

2. Organe de la circulation et de l'excrétion. — *a*, branchies; *b*, ventricules; *c*, aorte; *d*, veine cave antérieure; *e*, veine cave postérieure; *f*, organes urinaires annexés aux veines; *g*, veines branchiales afférentes; *h*, cœurs branchiaux; *i*, appendice des cœurs branchiaux; *j*, oreillettes; *k*, veines latérales.

3. Ensemble du système nerveux. — *a*, ganglion cérébral; *b*, ganglion viscéral; *c*, ganglion buccal; *d*, ganglion sus-pharyngien; *e*, ganglion des bras; *f*, ganglion étoilé; *g*, otolithe; *h*, ganglion optique.

4. Système nerveux central, vu par le côté. — *a*, œsophage; *b*, bulbe buccal; *c*, ganglions pédieux; *d*, ganglions en patte d'oie; *e*, ganglion cérébral; *f*, ganglion viscéral; *g*, ganglion sus-pharyngien; *h*, ganglion buccal.

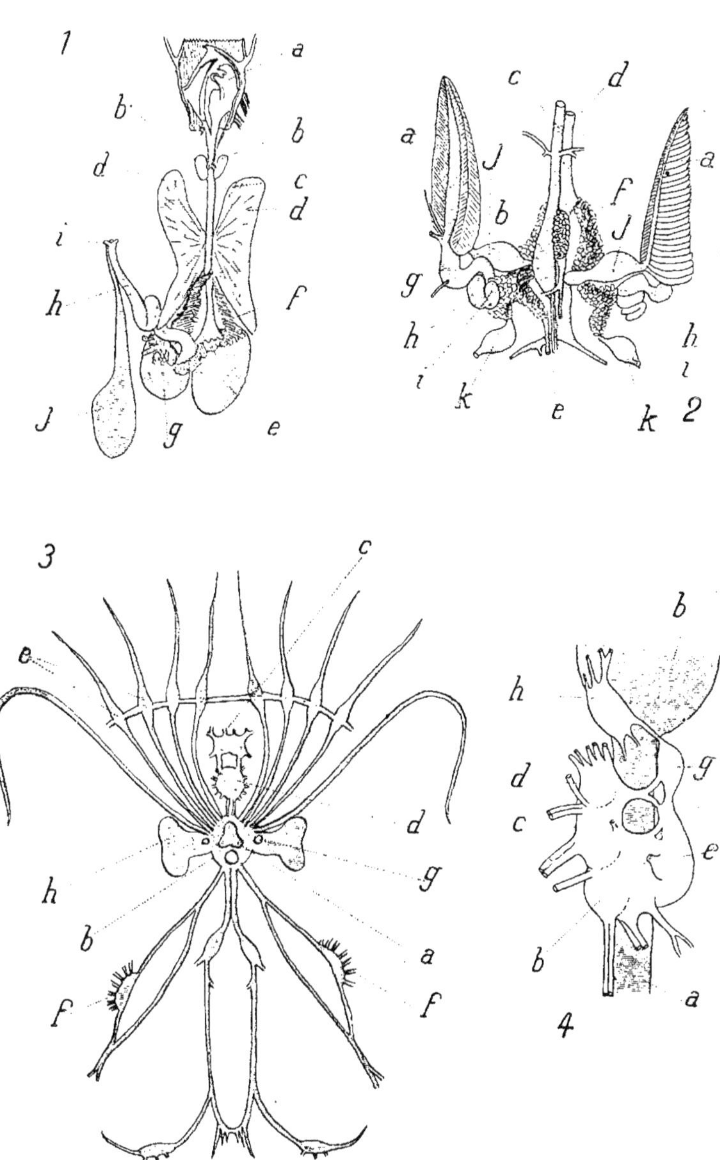

SEICHE. *(Tube digestif, système nerveux, etc.).*

LA SEICHE (SEPIA OFFICINALIS)

1. Organes génitaux femelles. — *a*, ovaire (il occupe la partie postérieure de la masse viscérale) ; *b*, oviducte ; *c*, orifice de l'oviducte ; *d*, glandes de l'oviducte ; *e*, glandes nidamentaires (elles sont blanchâtres) ; *f*, glandes nidamentaires accessoires ; *g*, reins ; *h*, uretères ; *i*, cœur branchial ; *j*, glande péricardique ; *k*, branchies ; *l*, anus.

2. Ensemble de l'appareil veineux. — *a*, sinus du bras ; *b*, sinus péri-buccal ; *c*, sinus crânien ; *d*, sinus ophtalmique ; *e*, veines palléales supérieures ; *f*, veine de l'entonnoir ; *g*, veines hépatiques ; *h*, veines de l'estomac ; *i*, grande veine ; *j*, veines caves ; *k*, cœurs branchiaux ; *l*, branchies ; *m*, veine impaire postérieure ; *n*, veines latérales postérieures.

3. Paquet d'œufs (grandeur naturelle).

4. Organes génitaux mâles. — *a*, testicule (il est situé à la partie postérieure de la masse viscérale) ; *b*, canal déférent ; *c*, vésicule séminale (c'est un canal tortueux, de diamètre irrégulier ; latéralement, il porte un diverticule en cul-de-sac, la prostate) ; *d*, prostate ; *e*, poche de Needham ; *f*, orifice génital.

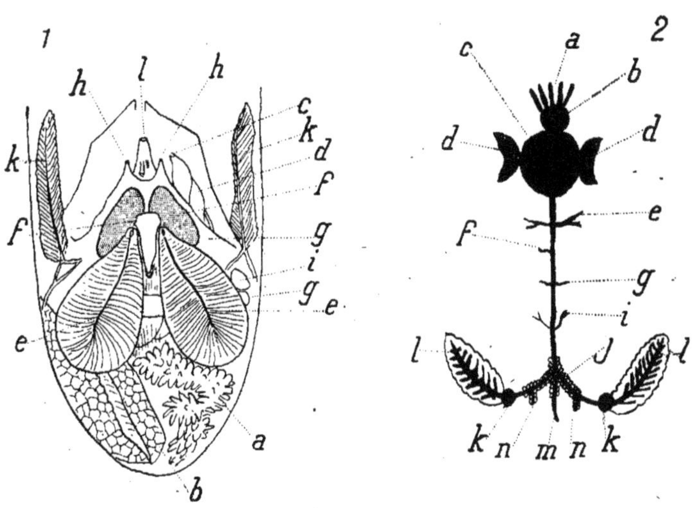

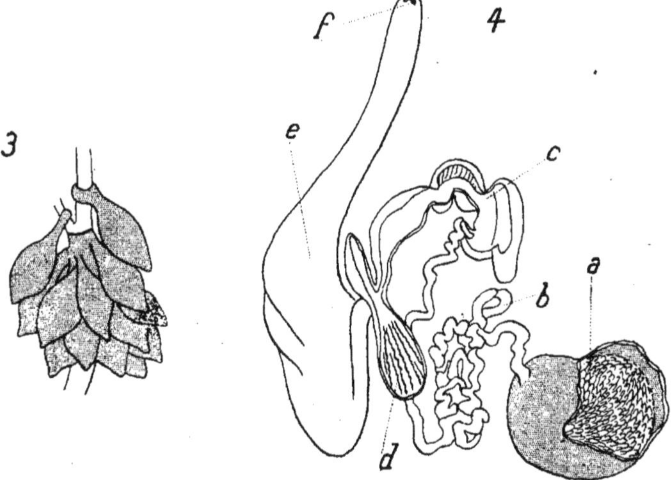

SÈCHE (Organes génitaux, etc.).

LA MOULE (MYTILUS EDULIS)

1. Coquille, vu par la face dorsale. — *a*, crochet ; *b*, ligament ; *c*, valve, droite *d*, valve gauche.

Nota : La partie arrondie de la coquille correspond à la région postérieure, et, la partie pointue, à la région antérieure.

2. Valves de la coquille, étalées et vues par leur face interne. — *a*, valve gauche ; *b*, valve droite ; *c*, crochet ; *d*, insertion du muscle adducteur supérieur ; *e* insertion du muscle adducteur inférieur ; *f*, insertion du bord du manteau ; *g*, ligament

3. Moule extraite de sa coquille. — *a*, manteau ; *b*, bord du manteau ; *c*, bouche *d*, palpes labiaux ; *e*, pied ; *f*, byssus ; *g*, branchies. — La masse viscérale est terminée par une partie légèrement en saillie, comprimée latéralement ; c'est la bosse de Poli chinelle, qui contient la glande génitale. Les sexes sont séparés.

4. Moule étalée sur le dos, après avoir été isolée de la coquille, et avec les branchies et le manteau un peu fendus dans la région inférieure. — *a*, muscle adducteur supérieur ; *b*, bouche ; *c*, palpes labiaux ; *d*, pied, rabattu à gauche ; *e*, glande du byssus *f*, byssus ; *g*, glande génitale ; *h*, orifice du rein (organe de Bojanus) ; *i*, branchies (de chaque côté du corps, elles sont constituées par deux lames formées de filaments branchiaux indépendants les uns des autres) ; *j*, muscle adducteur inférieur ; *k*, anus ; *l* manteau (il est, plus ou moins, envahi par les produits génitaux et du tissu adipeux son bord libre est constitué par deux feuillets, l'un externe, lisse, adhérant à la coquille l'autre interne, festonné, surtout en arrière).

5. Cœur (schéma). — *a*, ventricule ; *b*, oreillette ; *c*, rectum ; *d*, péricarde ; *e*, cavité péricardique.

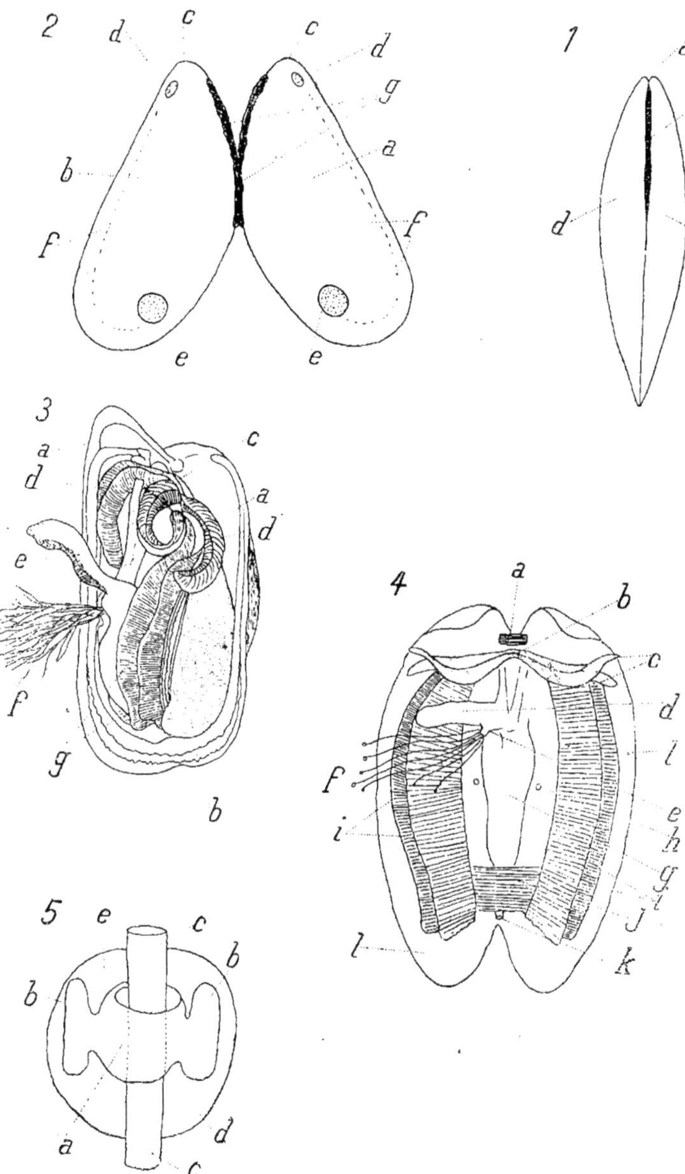

MOULE (Extérieur, etc)

LA MOULE (MYTILUS EDULIS)

1. Système nerveux (les ganglions sont jaunâtres). — La moule est étalée sur le dos et on a coupé les branchies (imité de Boutan). — *a*, capuchon céphalique (dépendance du manteau); *b*, nerf palléal supérieur; *c*, palpe labial; *d*, ganglions cérébroïdes (ils sont placés sur le muscle antérieur du pied et contre le muscle adducteur antérieur des valves); *e*, ligne d'insertion des branchies sectionnées; *f*, commissure cérébro-pédieuse; *g*, ganglions pédieux (ils sont situés contre l'insertion du pied, en avant et sous les muscles rétracteurs antérieurs du pied); *h*, pied; *i*, rein (organe de Bojanus); *j*, masse génitale; *k*, connectif cérébro-viscéral; *l*, ganglions viscéraux (ils sont placés sur le muscle adducteur postérieur des valves, au niveau de la partie postérieure de la bosse de Polichinelle, contre l'insertion des lames branchiales); *m*, nerf branchial; *n*, nerf palléal inférieur; *o*, anus; *p*, trou anal du manteau; *q*, manteau.

2. Schéma du système nerveux des Acéphales, vu de face. — *a*, ganglions cérébroïdes; *b*, ganglions pédieux; *c*, ganglions viscéraux.

3. Schéma du système nerveux des Acéphales, vu de côté. — Mêmes lettres que **2**, *d*, tube digestif.

4. Schéma du système nerveux de la moule, vu de face. — Mêmes lettres que **2**. La commissure cérébro-pédieuse est soudée vers le haut avec la commissure cérébro-viscérale.

5. Bords des branchies, vus au microscope. — *a*, cils vibratiles, animés d'un mouvement très actif (Observer dans l'eau de mer qui s'écoule de la moule quand on l'ouvre).

6. Tube digestif, vu de face (schéma d'après Boutan). — *a*, muscle adducteur supérieur; *b*, palpes labiaux; *c*, bouche; *d*, œsophage; *e*, foie; *f*, estomac; *g*, cœur; *h*, intestin; *i*, muscle adducteur inférieur; *j*, anus (il est situé en arrière du muscle adducteur postérieur, en avant d'un orifice ovale, le trou anal, formé par un repli du manteau).

7. Tube digestif vu de profil (schéma, d'après Boutan). — Mêmes lettres que **6**. *k*, tige cristalline.

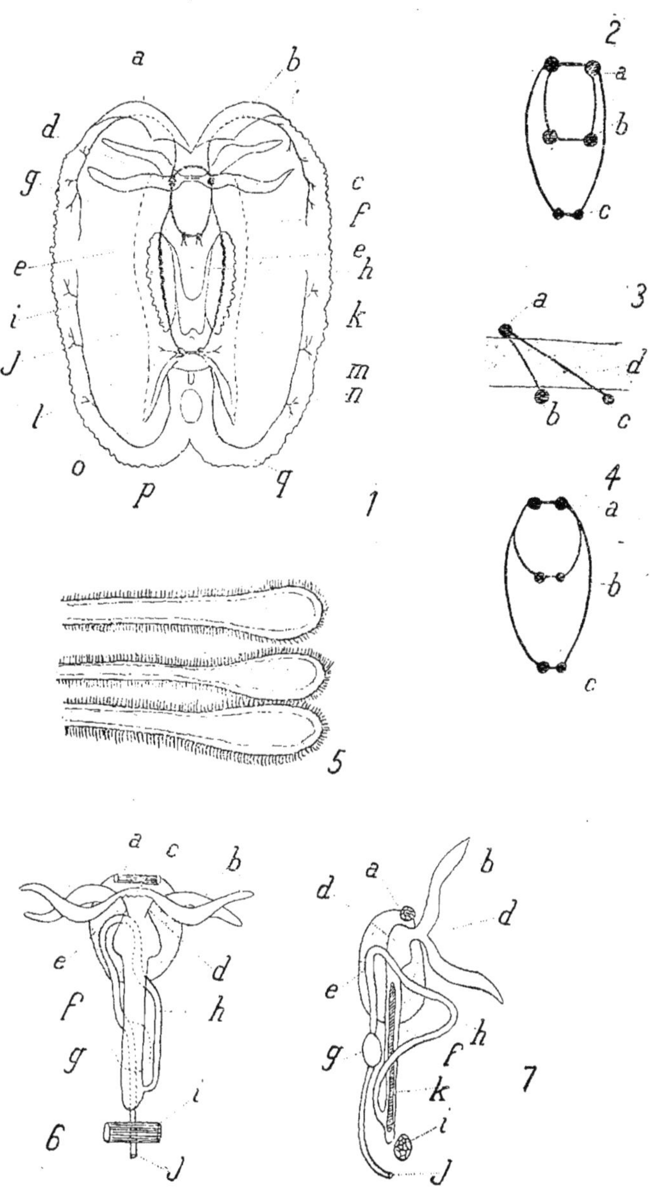

MOULE (*Système nerveux, tube digestif, etc.*)

L'ESCARGOT DE BOURGOGNE (HELIX POMATIA)

1. Escargot vivant (1). — *a*, grand tentacule ; *b*, œil ; *c*, petit tentacule ; *d*, tête ; *e*, bord du pied ; *f*, bord postérieur du pied ; *g*, coquille (quatre tours et demi de spires tournant de droite à gauche) ; *h*, bord du manteau.

2. Escargot extrait de sa coquille et vu de côté. — *a*, grand tentacule, terminé par un œil ; *b*, petit tentacule ; *c*, région dorsale du corps ; *d*, face plantaire ; *e*, orifice génital ; *f*, bord du manteau ; *g*, pneumostome ; *h*, rein, *i*, rectum ; *j*, glande génitale ; *k*, portion de l'oviducte ; *l*, foie ; *m*, muscle columellaire, décollé de la coquille.

8. Grand tentacule étalé (vu au microscope). — *a*, œil ; *b*, ganglion nerveux ; *c*, faisceau musculaire.

4. Grand tentacule contracté (vu au microscope). — Mêmes lettres que **3**.

5. Coquille coupée en long. — *a*, tours de spires ; *b*, sommet ; *c*, péristòme ; *d*, columelle.

6. Escargot rampant et un peu contourné sur lui-même. — *a*, pneumostome.

7. Escargot extrait de sa coquille et vu par la face dorsale. — *a*, grands tentacules ; *b*, petits tentacules ; *c*, orifice génital ; *d*, partie dorsale du corps ; *e*, bord du manteau ; *f*, emplacement du pneumostome ; *g*, région dorsale du manteau avec son réseau vasculaire (vu par transparence), qui le transforme en un poumon ; *h*, ligne représentée par des + suivant laquelle on doit faire l'incision pour voir l'intérieur du poumon ; *i*, cœur ; *j*, rein ; *k*, rectum ; *l*, tortillon.

8. Région moyenne d'un escargot auquel on a pratiqué l'incision *h*, de la figure **7** et dont on a rabattu le manteau à droite. — *a*, région dorsale de la partie antérieure du corps ; *b*, région dorsale de la partie postérieure du corps ; *c*, bord du manteau ; *d*, pneumostome ; *e*, plancher de la cavité palléale ; *f*, cœur ; *g*, rein ; *h*, rectum ; *i*, poumon (paroi supérieure de la cavité palléale) ; *j*, anus.

(1) Pour tuer les Escargots, il suffit de les mettre dans un bocal *complètement* rempli d'eau, préalablement bouillie, puis refroidie, et que l'on bouche hermétiquement. Le lendemain, les escargots sont morts étalés et, par suite, faciles à disséquer. Briser alors petit à petit la coquille avec une pince sous un filet d'eau. Pour l'étude on peut prendre d'autres espèces d'Escargots que l'Escargot de Bourgogne, lequel se recommande par sa grande taille. On peut aussi disséquer des Limaces rouges, que l'on tue de la même façon et dont l'anatomie — à part l'absence de coquille et de tortillon —, rappelle beaucoup celle des Escargots.

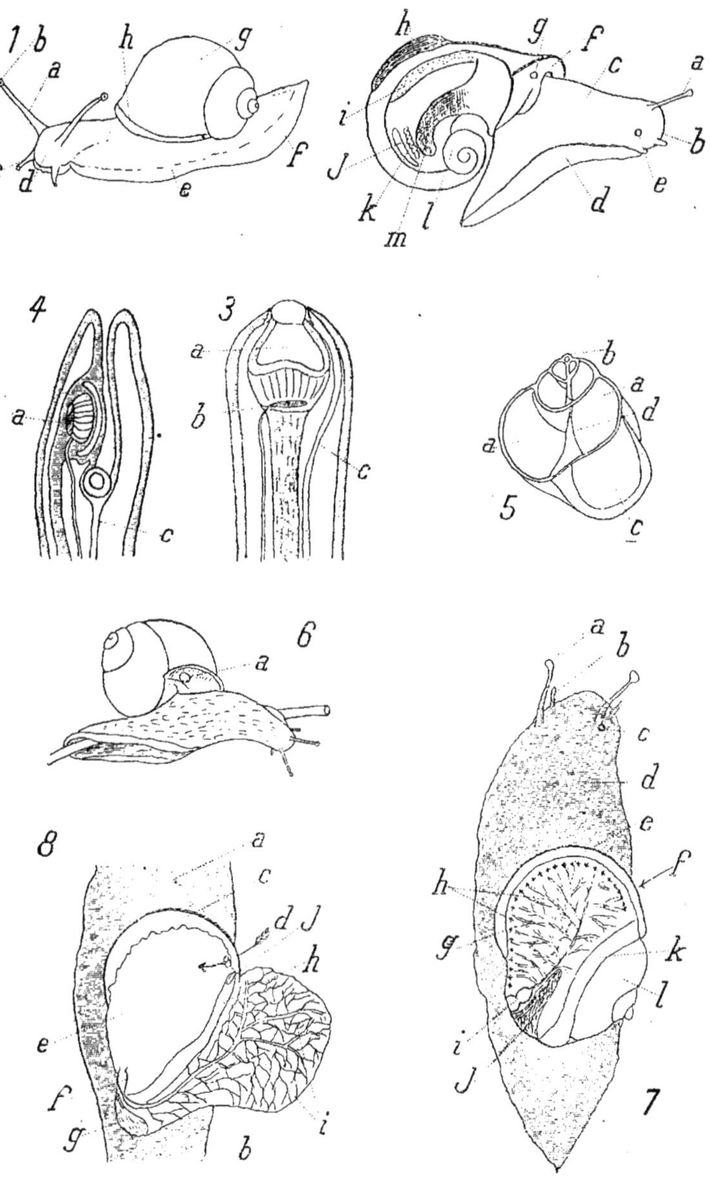

ESCARGOT (*Extérieur, appareil respiratoire, etc...*)

L'ESCARGOT (HELIX POMATIA)

1. **Dissection générale**. — Le manteau a été rabattu à droite et les organes cor
tenus dans le corps ont été un peu éloignés les uns des autres. — *a*, tête ; *b*, petit ter
tacule rétracté ; *c*, grand tentacule rétracté ; *d*, bulbe buccal ; *e*, ganglions cérébroïde
f, œsophage ; *g*, glandes salivaires ; *h*, estomac ; *i*, intestin ; *j*, rectum ; *h*, anus ; *k*, rein
l, cœur ; *m*, péricarde ; *n*, poumon, avec son réseau vasculaire ; *o*, penis ; *p*, vagin
q, flagellum ; *r*, poche du dard ; *s*, glande multifide ; *t*, vésicule séminale ; *u*, oviducte
v, glande de l'albumine ; *w*, glande hermaphrodite ; *x*, hépato-pancréas ; *y*, musc
rétracteur du pénis ; *z*, muscle de la columelle.

2. **Radula** (portion de la), **vue au microscope.**

3. **Mâchoire vue au microscope.**

4. **Bulbe buccal, coupé en long.** — *a*, bouche ; *b*, radula ; *c*, conduit salivaire
d, œsophage.

5. **Système nerveux**, tel qu'on le voit dans un examen sommaire. Pour le bie
voir, déposer sur les ganglions une goutte d'acide azotique.

6. **Système nerveux**, avec les éléments plus éloignés et plus distincts qu'on n
les voit en réalité (d'après L. Jammes). — *a*, œsophage ; *b*, bulbe buccal ; *c*, ganglion
cérébroïdes ; *d*, commissure cérébrale ; *e*, connectif cérébro-pédieux ; *f*, connectif céré
bro-viscéral ; *g*, ganglions pédieux ; *h*, otocyste ; *i* ganglions viscéraux ; *j*, connect
du ganglion sympathique ; *k*, nerf labial ; *l*, nerf olfactif ; *m*, nerf optique ; *n*, ne
pédieux ; *o*, nerfs palléaux ; *p*, nerf viscéral.

7. **Otocyste, vu au microscope.** — *a*, otolithes, flottant dans un liquide.

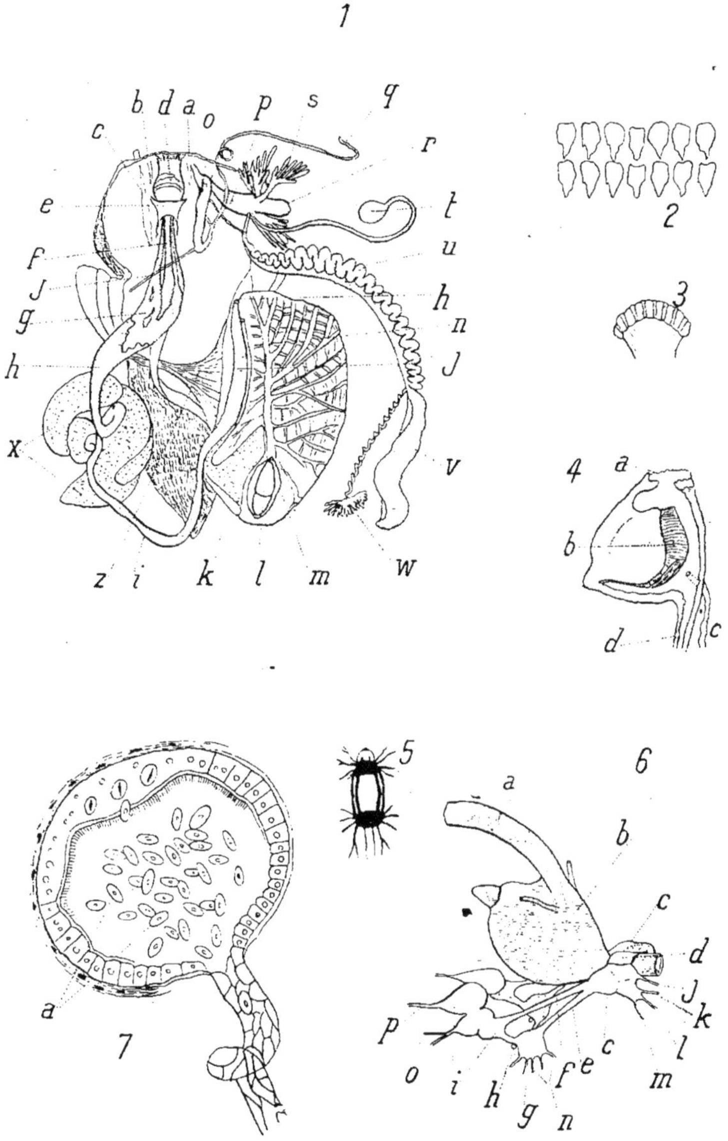

ESCARGOT *(Dissection générale, système nerveux, etc.)*

L'ESCARGOT (HELIX POMATIA)

1. Appareil génital (les Escargots sont hermaphrodites). — *a*, glande hermaphrodite; *b*, son canal excréteur; *c*, glande de l'albumine; *d*, oviducte et gouttière déférente; *e*, canal déférent; *f*, gaine du pénis; *g*, flagellum; *h*, réceptacle séminal; *i*, vésicules multifides; *j*, poche du dard (entr'ouverte); *k*, vestibule.

2. Poche du dard, coupée en long. — *a*, glande multifide; *b*, dard.

3. Ensemble de l'appareil circulatoire. — *a*, ventricule; *b*, oreillette; *c*, péricarde; *d*, réseau veineux du poumon; *e*, aorte.

4. Appareil excréteur. — *a*, rectum; *b*, rein ou organe de Bojanus; il communique avec la cavité péricardique; son canal longe le rectum et débouche, à l'extérieur, à côté de l'anus; *c*, uretère; *d*, péricarde; *e*, cœur.

5. Tube digestif, disséqué et étalé. — *a*, orifice buccal; *b*, bulbe buccal, contenant la radula; *c*, bulbe de la radula; *d*, conduits des glandes salivaires; *e*, glandes salivaires (blanchâtres); *f*, œsophage; *g*, estomac; *h*, intestin; *i*, rectum; *j*, lobe principal de l'hépato-pancréas (il s'ouvre dans le tube digestif, entre l'estomac et l'intestin); *k*, lobe du tortillon de l'hépato-pancréas; *l*, anus (il est situé sur le bord du pneumostome).

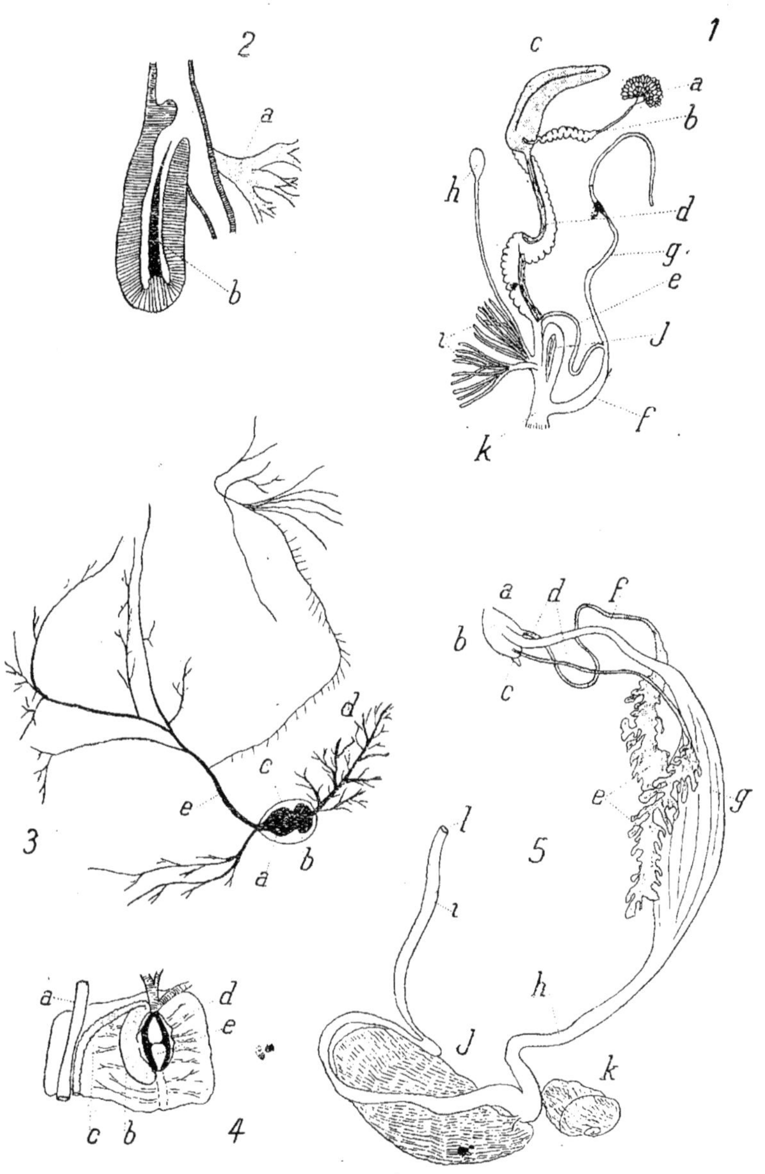

ESCARGOT (Organes génitaux, appareil circulatoire, tube digestif, etc...)

VII

CRUSTACÉS

L'ÉCREVISSE (CASTACUS FLUVIATILIS) [1]

1. Écrevisse, vue par la face dorsale. — *a*, antenne; *b*, œil; *c*, antennule avec deux fouets multiarticulés; *d*, pince; *e*, céphalo-thorax (remarquer le sillon cervical, qui est convexe en arrière et délimite la portion céphalique. A droite et à gauche, le céphalo-thorax recouvre les branchies); *f*, région du cœur; *g*, pattes ambulatoires; *h*, abdomen (formé de sept anneaux).

2. Seconde patte ambulatoire. — *a*, coxopodite; *b*, basipodite; *c*, branchie; *d*, soie de l'exopodite; *e*, lame branchiale ou épipodite; *f*, ischiopodite; *g*, méropodite; *h*, carpopodite; *i*, propodite; *j*, dactylopodite.

3. Troisième maxillipède (2). — *a*, lame branchiale; *b*, filaments branchiaux de la podobranchie; *c*, coxopodite; *d*, soies du coxopodite; *e*, basipodite; *f*, exopodite; *g*, ischiopodite; *h*, méropodite; *i*, carpopodite; *j*, propodite; *k*, dactylopodite.

4. Deuxième maxillipède (2).

5. Premier maxillipède (2).

6. Mandibule (la portion triturante est dentée en scie; sur le côté, il y a une sorte de palpe, l'exopodite).

7. Seconde mâchoire (elle est lamelleuse).

8. Première mâchoire (elle est lamelleuse).

(1) Les dessins, d'après Huxley.
(2) Ou patte-mâchoire.

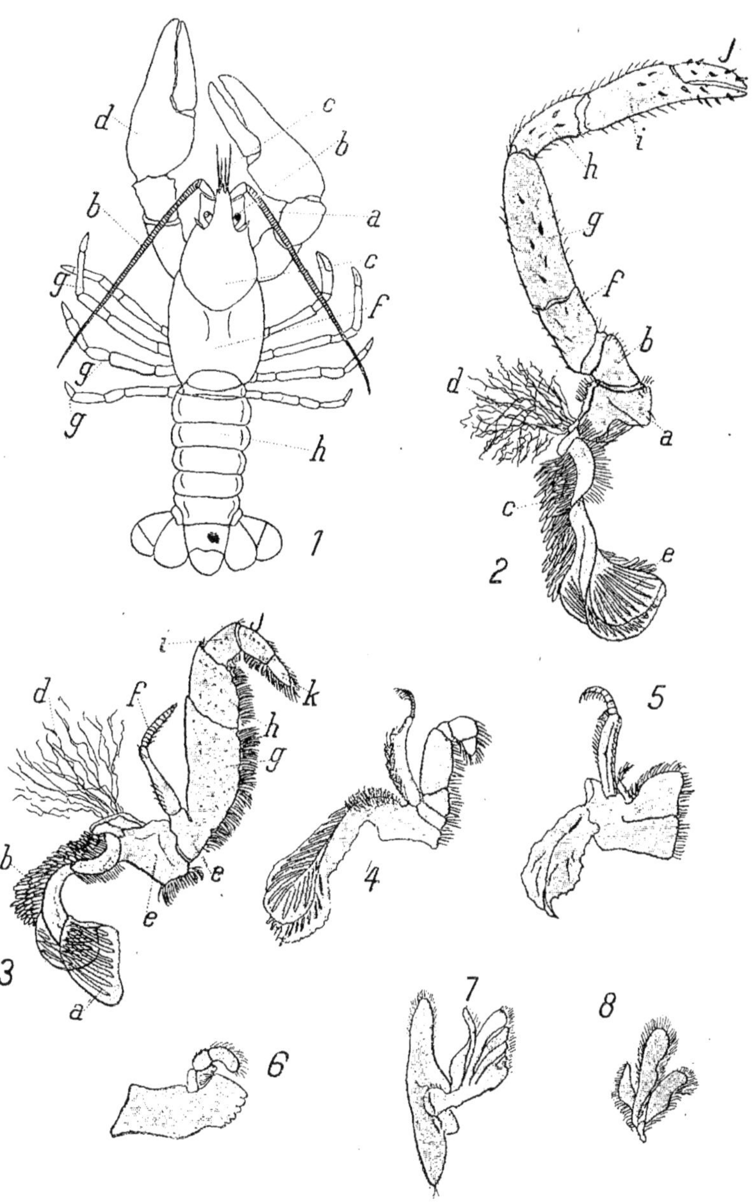

ÉCREVISSE *(Extérieur, pièces masticatrices)*

L'ÉCREVISSE (ASTACUS FLUVIATILIS)

1. **Appendice terminal de l'abdomen** (raquette natatoire).

2. **Antenne (Base de l')** : sur la face ventrale de la pièce basilaire se trouve l'orifice de l'organe excréteur (glande verte).

3. **Antennule**, portant deux fouets multiarticulés.

4. **Second appendice de l'abdomen du mâle.**

5. **Premier appendice de l'abdomen du mâle.**

6. **Ensemble du système nerveux.** — *a*, ganglions cérébroïdes ; *b*, collier œsophagien ; *c*, chaîne nerveuse ventrale (cinq paires de ganglions thoraciques, dont la première résulte de la coalescence de plusieurs ganglions ; six ganglions abdominaux dont le dernier ou anal est le plus volumineux ; dans la région abdominale, les deux cordons nerveux se fusionnent en une chaîne unique) ; *d*, commissures écartées pour laisser passer l'artère sternale.

7. **Troisième appendice de l'abdomen du mâle.**

8. **Premier appendice abdominal de la femelle.**

9. **Appareil respiratoire** tel qu'on le voit lorsqu'on a enlevé une partie de la région latérale de la carapace. — *a*, podobranchies.

10. **Le même, moins les podobranchies et montrant les arthrobranchies.**

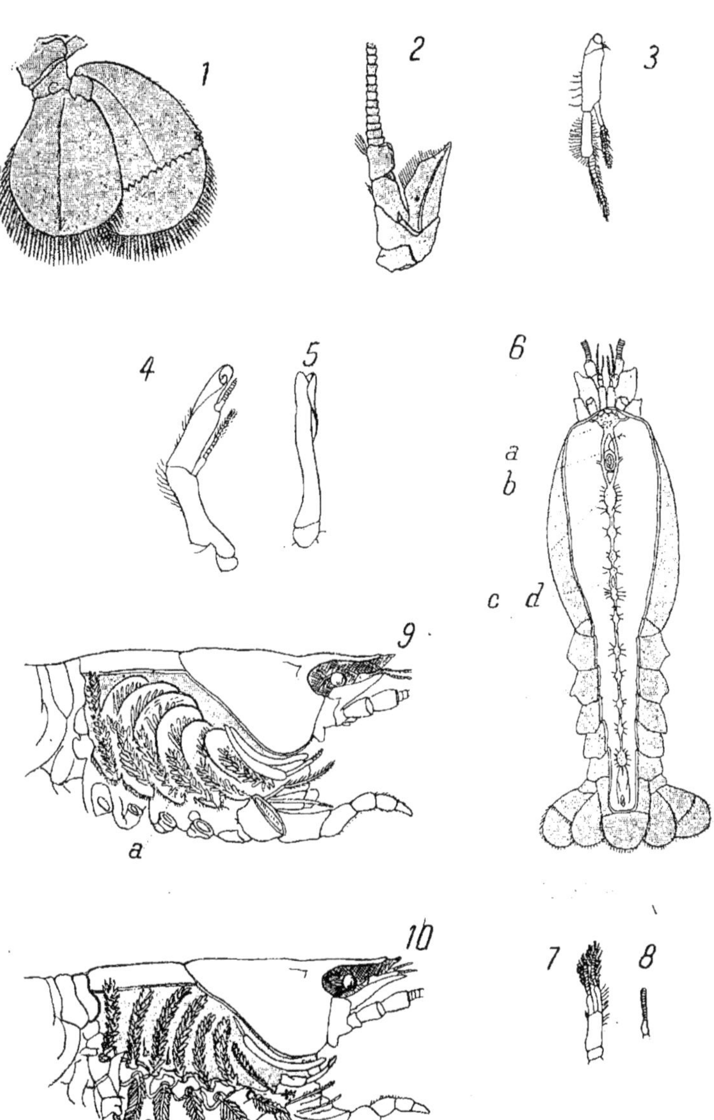

L'ÉCREVISSE (ASTACUS FLUVIATILIS)

1. Appareil circulatoire, vu par la face supérieure. — *a*, estomac; *b*, cœur; *c*, muscles; *d*, foie; *e*, testicule; *f*, canaux déférents; *g*, aorte; *h*, veine abdominale.

2. Tube digestif, vu par la face supérieure. — *a*, estomac (il est tendu par des pièces chitineuses portant des dentelures et formant une sorte d'hexagone); *b*, foie; *c*, intestin.

3. Tube digestif, vu de côté. — *a*, bouche; *b*, œsophage; *c*, estomac; *d*, masse calcaire (yeux de l'écrevisse); *e*, intestin; *f*, anus.

4. Masses calcaires de l'estomac (yeux de l'écrevisse), vues de face et de profil.

5. Cœur, vu en dessous. — *a*, orifices; *b*, artère sternale (coupée).

6. Cœur, vu en dessus. — *a*, orifices (il y a aussi deux orifices latéraux; c'est par les orifices dorsaux que doit s'opérer l'injection); *b*, muscles.

7. Cœur, vu de côté. — *a*, orifices (les six orifices du cœur communiquent avec la cavité péricardique); *b*, artère sternale.

8. Schéma du cœur, vu de côté. — *a*, artère abdominale; *b*, cœur; *c*, orifice; *d*, aorte; *e*, artère sternale; *f*, portion de la chaîne nerveuse ventrale.

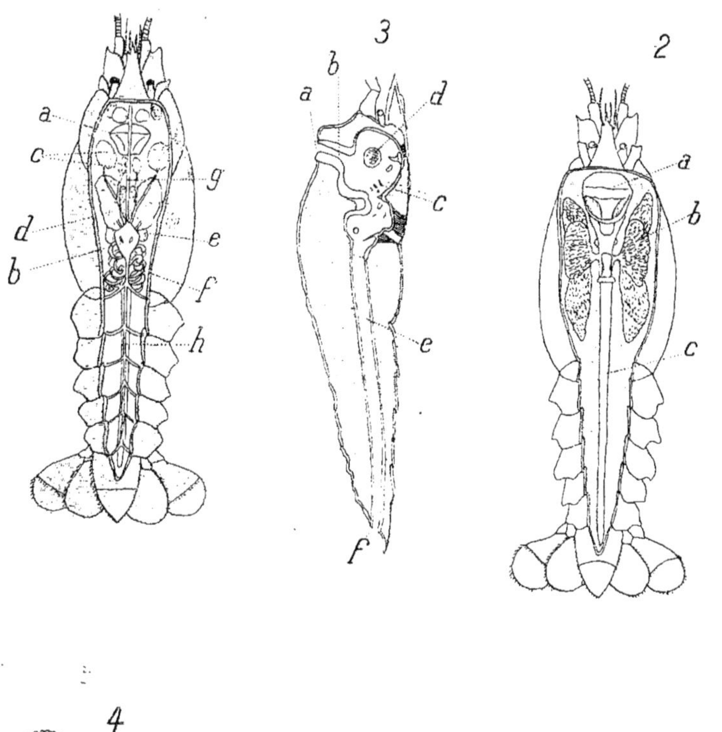

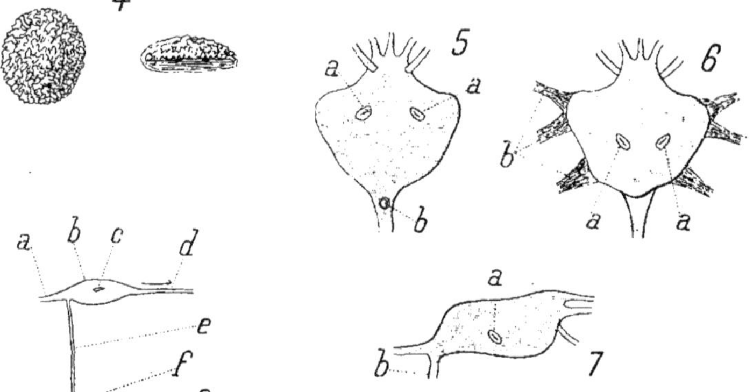

ÉCREVISSE *(Appareil circulatoire, tube digestif).*

L'ÉCREVISSE (ASTACUS FLUVIATILIS)

1. **Portion antérieure d'une écrevisse disséquée, vue par dessus.** — *a*, reins ou glandes vertes; ils viennent déboucher à la base des antennes; *b*, œsophage (coupé).

2. **Portion antérieure d'une écrevisse disséquée, vue de côté.** — *a*, reins *b*, vessie (ses parois sont très minces); *c*, orifice urinaire.

3. **Appareil urinaire isolé.** — Mêmes lettres que **2**.

4. **Pédoncule oculaire, coupé en long.**

5. **Portion de l'œil coupée en long et vue au microscope.**

6. **Appareil auditif** (*a*), à la base d'une antennule (*b*).

7. **Organes génitaux femelles.** — *a*, ovaire; *b*, oviductes; *c*, orifices génitaux (à la base de la troisième paire de pattes locomotrices).

8. **Organes génitaux mâles.** — *a*, testicule; *b*, canaux déférents; *c*, orifices génitaux (à la base de la cinquième paire de pattes locomotrices).

9. **Jeunes écrevisses cramponnées à une patte de leur mère.** — *a*, reste des œufs d'où sont sorties les jeunes écrevisses.

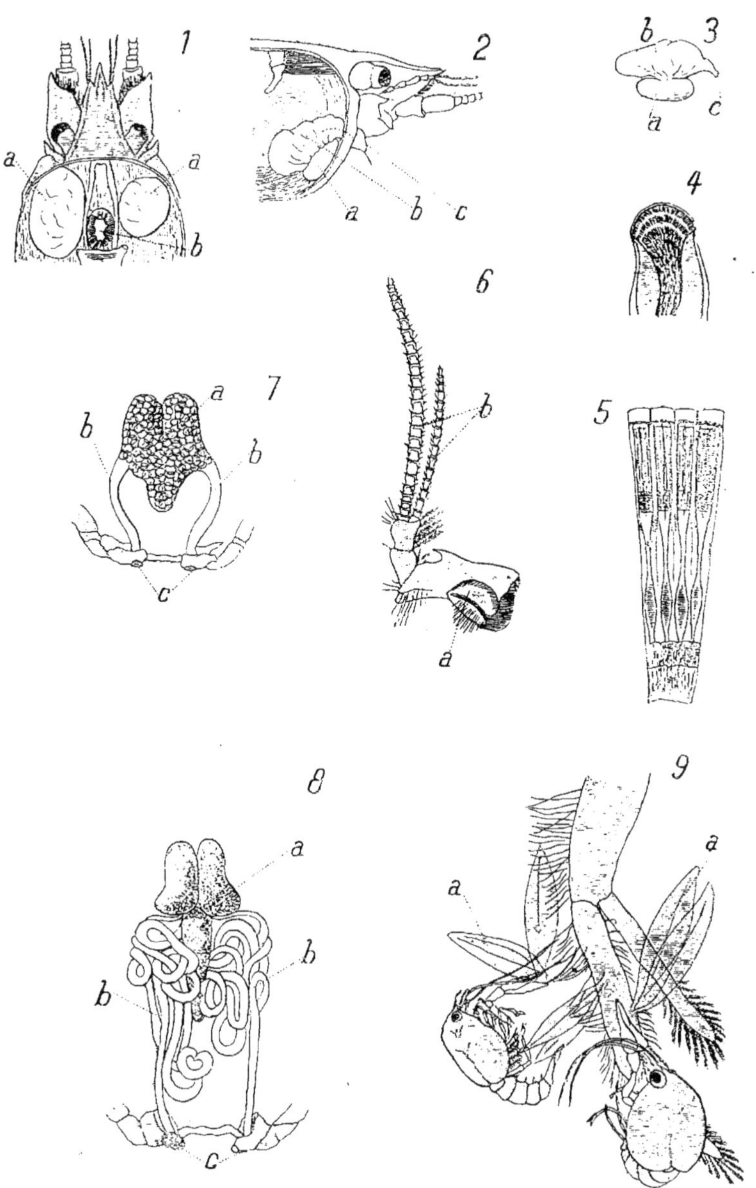

ÉCREVISSE Organes génitaux, rein, etc...)

LE CRABE VERT[1] (CARCINUS MŒNAS)

1. Animal vu de dos. — *a*, abdomen recourbé sous le ventre (il est triangulaire chez le mâle, largement arrondi chez la femelle); *b*, région du cœur; *c*, carapace du céphalothorax.

2. Portion de la face ventrale avec l'abdomen étalé en arrière (chez un crabe femelle). — *a*, bord de la carapace; *b*, bouche; *c*, base d'une patte; *d*, orifices femelles; *e*, pattes abdominales où s'accrochent les œufs *f*, abdomen étalé de force en arrière; *g*, anus.

3, 4, 5. Pattes-mâchoires.

6. Mandibule.

1 On peut prendre aussi comme exemples de Crabes, le Crabe enragé (*Portunus puber*) et le Tourteau (*Cancer pagurus*), tous deux très communs.

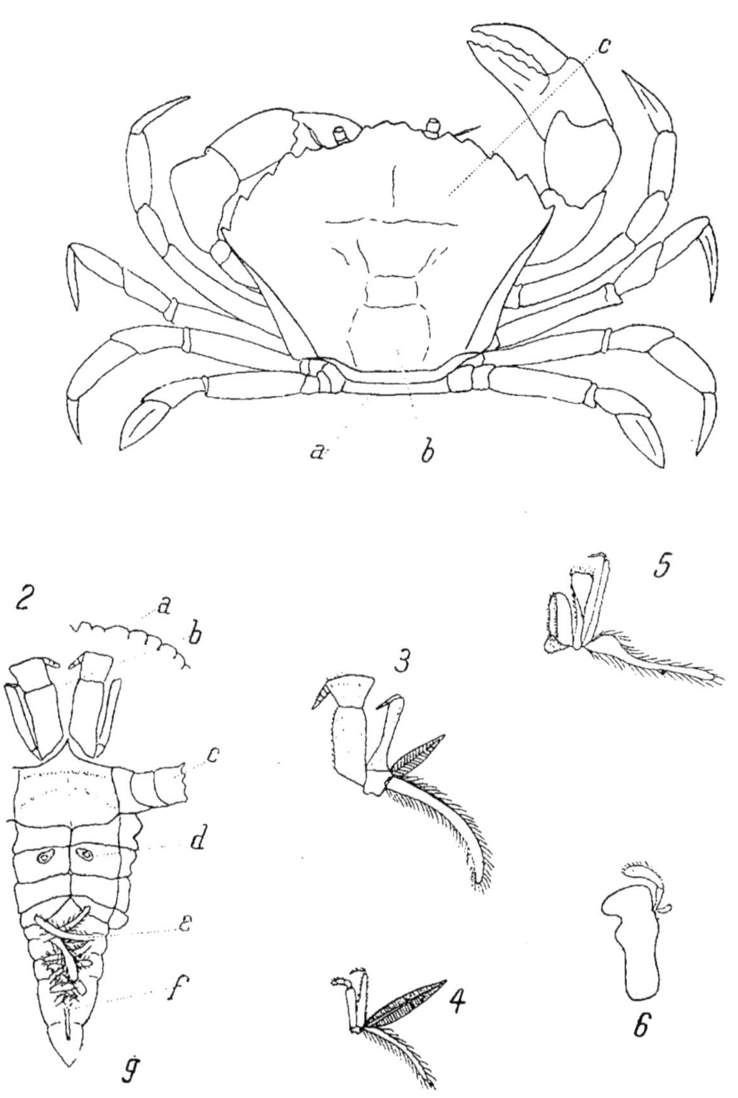

CRABE (Extérieur, appendices)

LE CRABE TOURTEAU (CANCER PAGURUS)

1. **Dissection sommaire** (On a enlevé la partie dorsale de la carapace). — *a*, muscles moteurs des mandibules; *b*, cœur (il a la même disposition que chez l'écrevisse, de même que le système artériel. Voir la planche XXXIII); *c*, testicule; *d*, canal déférent; *e*, foie; *f*, branchies.

2. **Système nerveux**. — *a*, ganglions cérébroïdes; *b*, collier œsophagien; *c*, masse nerveuse ventrale résultant de la coalescence de la chaîne ventrale; *d*, orifice par lequel passe l'artère sternale.

3. **Larve de crabe** (Zoé) très grossie.

4. **Larve de crabe**, plus âgée que celle à la phase Zoé.

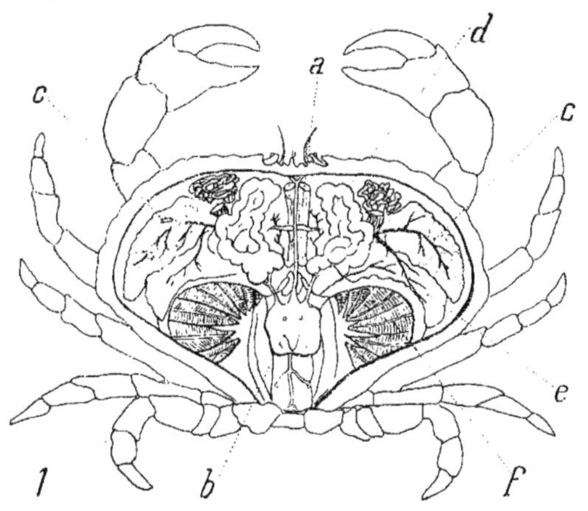

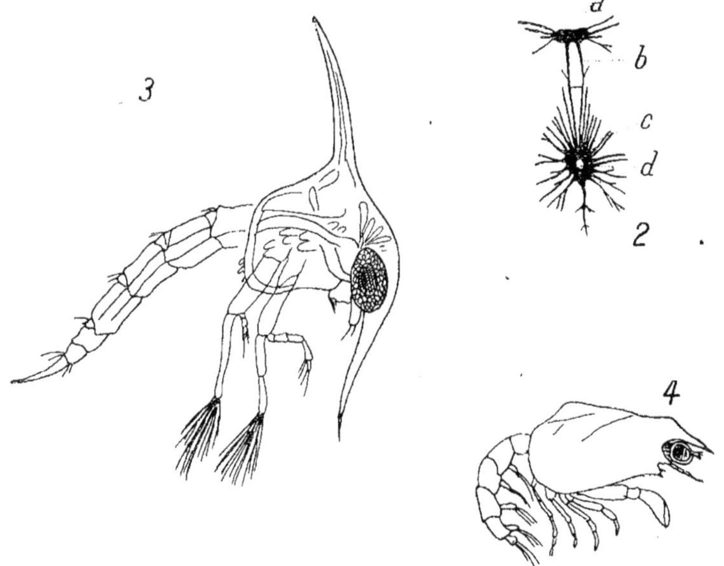

CRABE (Dissection générale, système nerveux, etc...)

CRUSTACÉS DIVERS

1. **Branchipus stagnalis** (mâle, grossi). — *a*, antenne antérieure *b*, antenne posté-rieure; *c,* œil impair; *d*, mandibules; *e*, glande du test; *f*, cœur ou vaisseau dorsal; *g*, orifices du cœur; *h*, intestin; *i*, pénis; *j*, sacs branchiaux; *k*, lames branchiales; *l*, œil pédonculé pair.

2. **Lepas anatifera** (Anatife, à peu près de grandeur naturelle). — *a*, pédoncule fixé à un support; *b*, valves calcaires; *c*, pattes; *d*, pénis.

3. **Lepas anatifera**, dont on a enlevé une des valves pour montrer l'animal (*a*) qui y est contenu; *b*, pattes; *c*, pénis; *d*, muscle.

4. **Gammarus pulex** (Crevette des ruisseaux), vu de côté, grossi trois fois.

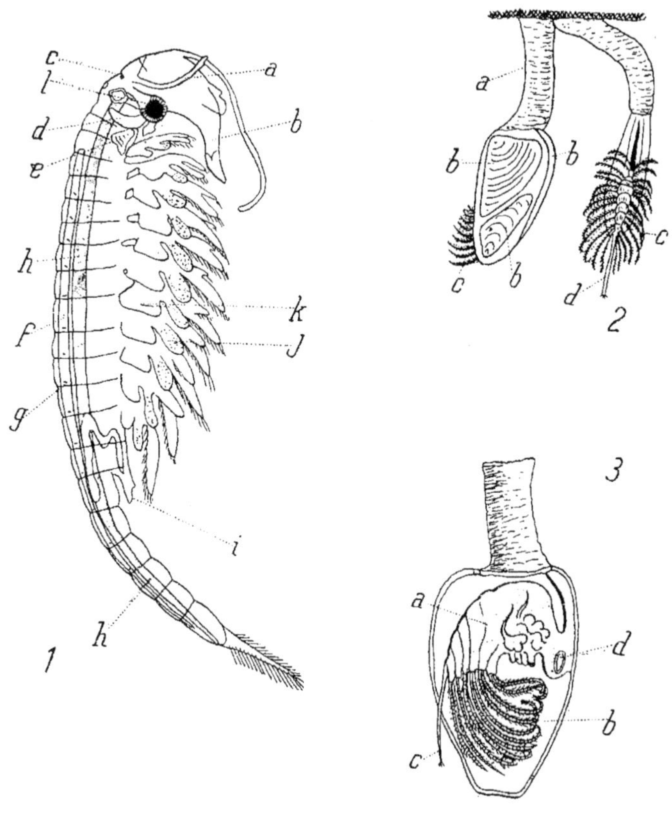

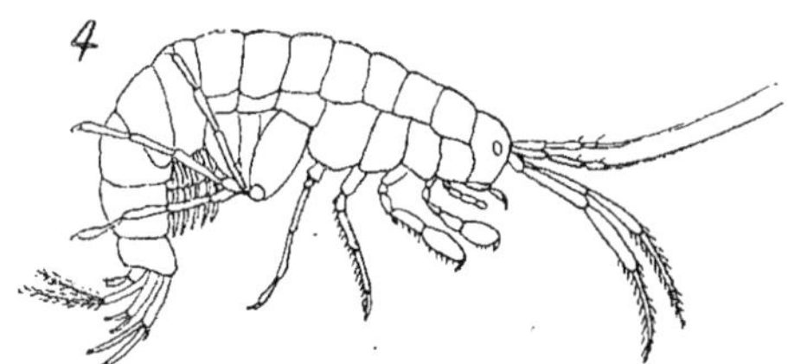

CRUSTACÉS DIVERS (*Branchipus, Lepas, Gammarus*)

CRUSTACÉS DIVERS

1. *Cyclops coronatus* (femelle), vu, au microscope, par la face dorsale. — *a*, antennes; *b*, intestin; *c*, sacs ovifères.

2. *Daphnia similis* (jeune femelle, très grossie) — *a*, cœur; *b*, tube digestif; *c*, appendice hépatique; *d*, anus; *e*, cerveau; *f*, œil; *g*, glande du test; *h*, chambre incubatrice.

3. *Apus cancriformis*, grossi deux fois. — *a*, yeux.

4. *Apus cancriformis*. — Une patte thoracique.

5. *Apus cancriformis*. — Une des pattes du 11e segment. *a*, cavité incubatrice.

6. *Apus cancriformis*. — Carapace céphalique. *a*, glandes du test (supposées vues par transparence); *b*, abdomen.

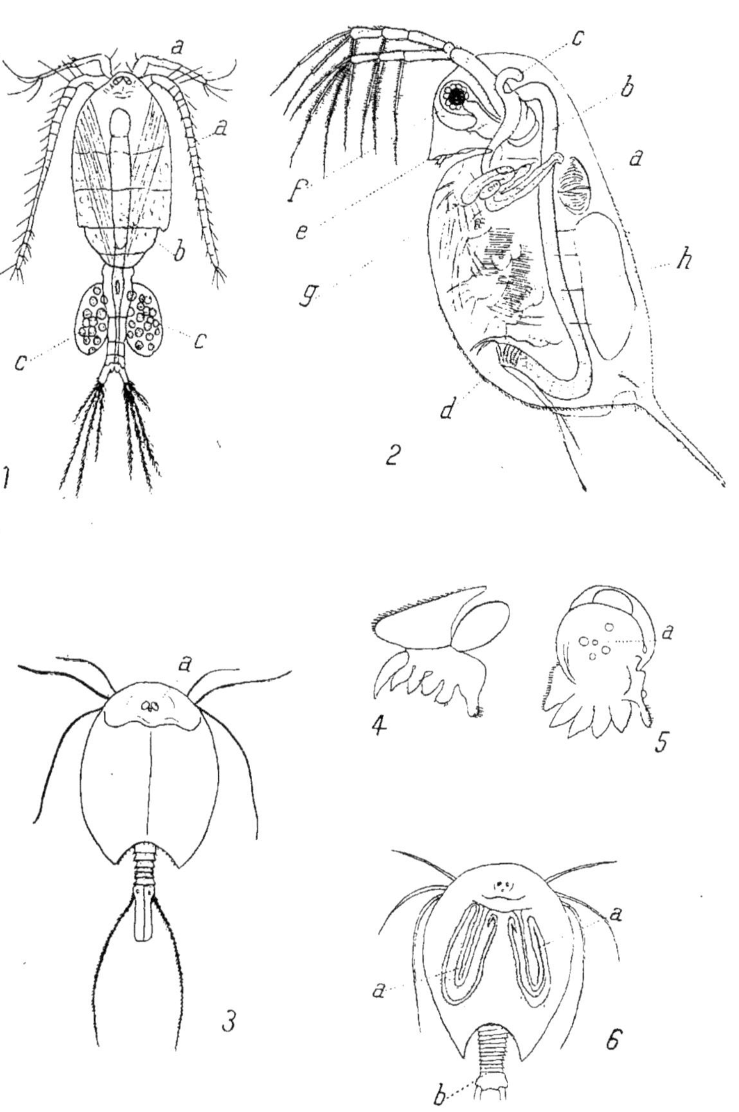

CRUSTACÉS DIVERS (Cyclops, Daphnias, Apus)

VIII

INSECTES

LA BLATTE ou CAFARD (PERIPLANETTA ORIENTALIS)

1. Animal entier, vu par la face dorsale. — *a*, antennes; *b*, tête (de chaque côté, il y a deux yeux composés et, entre eux, deux ocelles); *c*, prothorax (corselet); *d*, ailes; *e*, pattes; *f*, abdomen; *g*, tarse.

2. Tube digestif. — *a*, bouche; *b*, glande salivaire, avec son volumineux réservoir salivaire; *c*, œsophage; *d*, jabot; *e*, ventricule chylifique; *f*, appendices pyloriques ou cœcums hépatiques; *g*, tubes de Malpighi; *h*, intestin; *i*, ampoule rectale; *j*, anus.

3. Système nerveux. — *a*, ganglions cérébroïdes; *b*, collier œsophagien; *c*, ganglion sous-œsophagien; *d*, chaîne ventrale thoracique (trois ganglions); *e*, chaîne ventrale abdominale (six ganglions fusionnés deux à deux).

4. Tête, vue par la face antérieure. — *a*, ocelles (à droite et à gauche sont les yeux composés avec, à côté d'eux, la section des antennes); *b*, palpes maxillaires *c*, palpes labiaux.

5. Lèvre supérieure ou labre (*a*), arrondie en avant.

6. Mandibule, à fortes dentes chitineuses.

7. Mâchoire. — *a*, sous-maxillaire; *b*, maxillaire; *c*, intermaxillaire; *d*, galéa; *e*, palpe maxillaire, à cinq articles.

8. Lèvre inférieure. — *a*, menton; *b*, languette; *c*, paraglosse; *d*, palpe labial.

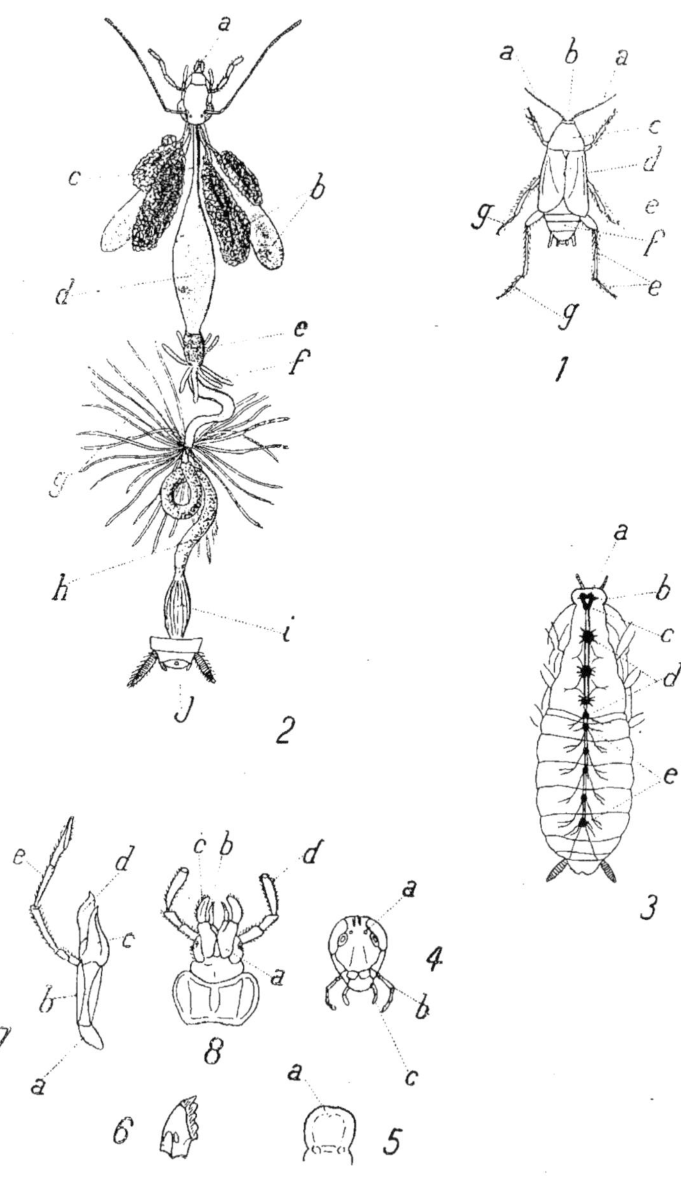

BLATTE

LE DYTIQUE[1] (DYTISCUS MARGINALIS)

1. Mâle, nageant. — *a*, extrémité de l'abdomen; *b*, élytres; *c*, prothorax; *d*, tête; *e*, yeux composés; *f*, antennes; *g*, pattes antérieures avec ventouses; *h*, pattes intermédiaires; *i*, pattes postérieures natatoires.

2. Dissection sommaire d'un Dytique femelle (l'animal est ouvert par la face dorsale) (imité de Pizon). — *a*, élytre, étalée et sectionnée; *b*, aile membraneuse, étalée et sectionnée; *c*, ganglions cérébroïdes; *d*, chaîne nerveuse ventrale; *e*, jabot; *f*, estomac; *g*, intestin; *h*, tubes de Malpighi; *i*, ampoule rectale; *j*, ovaire.

3. Ensemble du système nerveux (2). — *a*, ganglions cérébroïdes; *b*, nerfs optiques; *e*, ganglion frontal; *d*, ganglions sous-œsophagiens; *d* à *e*, chaîne nerveuse ventrale; *f*, nerfs.

4. Stigmate vu au microscope. — *a*, orifice par où l'air pénètre; *b*, cadre chitineux.

(1) En place du Dytique, on peut prendre l'Hydrophile. Pour disséquer ces deux insectes, on peut les épingler, les ailes étalées, dans la cuvette liégée, mais il est plus pratique de les encastrer, par la face ventrale, dans du plâtre gâché, dont on attend la prise.

(2) Chez l'Hydrophile, il y a deux gros *ganglions cérébroïdes* émettant des *nerfs optiques*; une *masse sous-œsophagienne* émettant des nerfs pour les pièces buccales; une *chaîne nerveuse* appliquée contre la face ventrale dans le thorax mais flottante au niveau de l'abdomen; à signaler aussi la présence, en avant des ganglions cérébroïdes d'un ganglion, impair, le *ganglion frontal*, qui représente le *système sympathique* et qui émet un *nerf récurrent*.

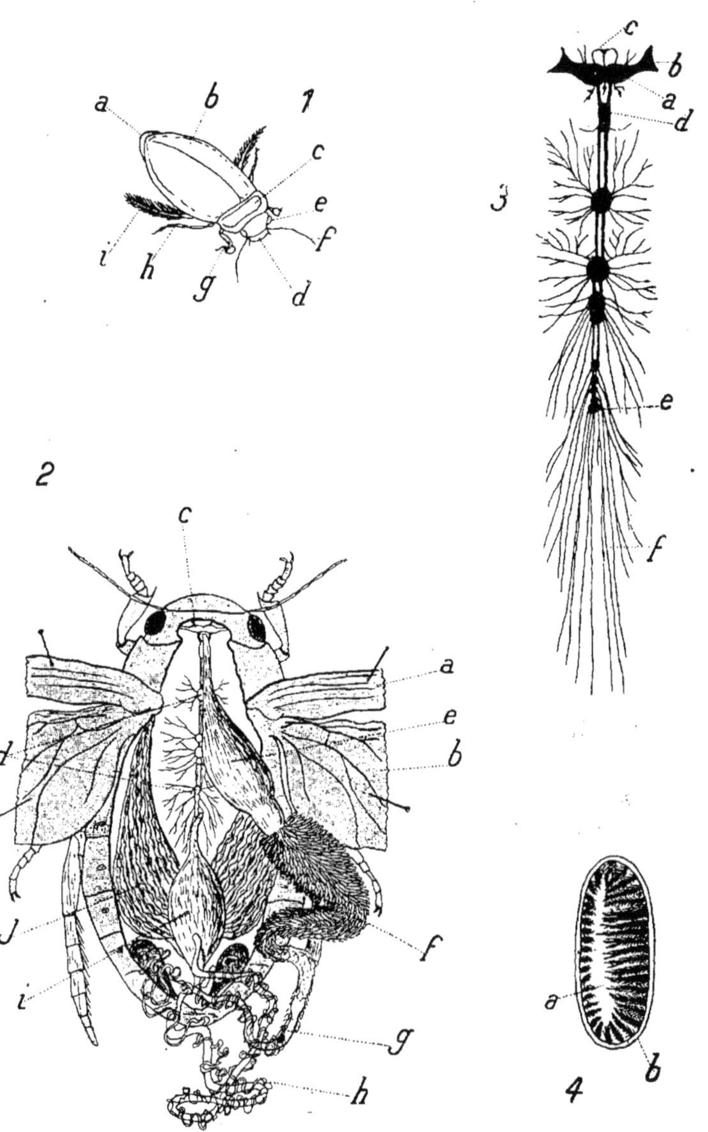

DYTIQUE (Dissection générale, système nerveux, etc...)

LE DYTIQUE (DYTISCUS MARGINALIS)

1. **Système nerveux stomato-gastrique**. — *a*, ganglions cérébroïdes; *b*, nerfs optiques; *c*, ganglion frontal; *d*, ganglion du stomato-gastrique; *e*, filets nerveux du stomato-gastrique.

2. **Tube digestif** (1). — *a*, œsophage; *b*, jabot; *c*, estomac; *d*, intestin; *e*, tubes de Malpighi; *f*, point de réunion de l'intestin et de l'ampoule rectale; *g*, ampoule rectale; *h*, anus.

3. **Cœur ou vaisseau dorsal**. — *a*, chambres du cœur; *b*, fibres musculaires; *c*, aorte; *d*, direction du sang.

(1) Chez l'Hydrophile, le tube digestif, qui est très long, comprend : un *œsophage* court et étroit; un *estomac* (*ventricule succenturié*), plus large; un *intestin grêle* étroit, très long, faisant plusieurs circonvolutions; un *intestin terminal*, qui, à son origine, reçoit les *tubes de Malpighi*, lesquels sont jaune verdâtre, très sinueux, délicats, grêles, longs, enroulés autour de l'intestin.

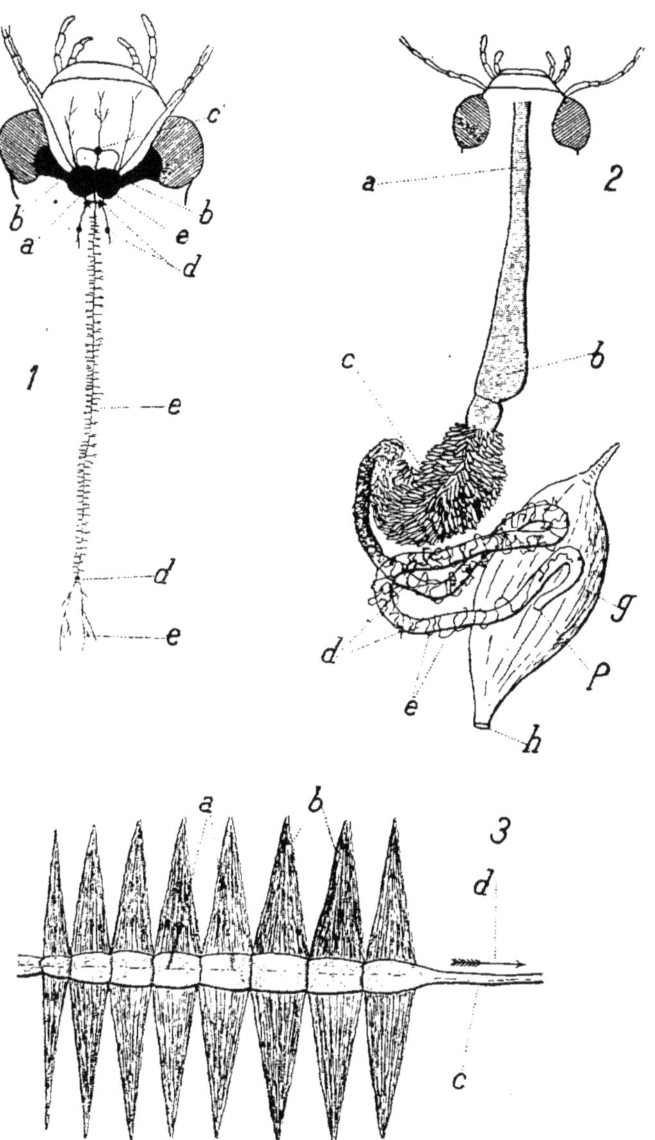

DITIQUE *(Tube digestif, cœur, etc...)*

LE DYTIQUE (DYTISCUS MARGINALIS)

---

1. Patte antérieure du mâle, vue par la face inférieure. — *a*, ventouses; *b*, tarse; *c*, griffes.

2. Appareil génital femelle (1). — *a*, ovaire, avec les éléments ou tubes ovariens dissociés artificiellement; *b*, ovaire intact; *c* (de droite) et *e*, oviductes; *d*, canal impair; *c* (de gauche), réceptacle séminal; *f*, vagin; *g*, glandes anales; *h*, rectum (sectionné).

(1) Chez l'Hydrophile la disposition des organes génitaux femelles est la même que chez le Dytique. Quant aux organes génitaux femelles, ils comprennent deux *testicules* réniformes, d'un blanc un peu verdâtre, placés sur la masse des anses intestinales. De chaque testicule part un *canal déférent* renflé, à sa partie terminale, en un *vésicule séminal* jaunâtre. Les deux *canaux déférents* se réunissent en un *canal éjaculateur* aboutissant au *pénis*, qui est long et en partie chitineux. A signaler aussi la présence, au point de rencontre des canaux déférents de deux grosses *glandes annexes* en fer à cheval et quatre autres tubuleuses.

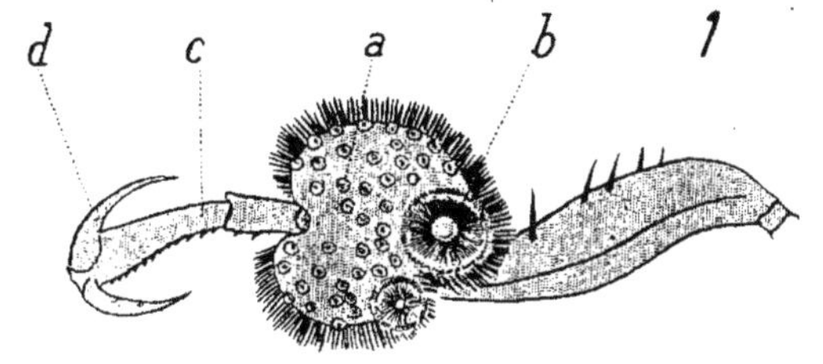

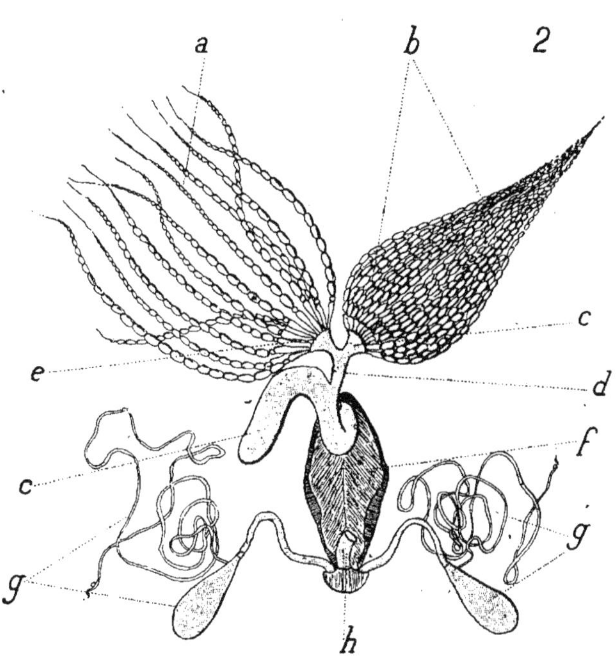

DYTIQUE (Organes génitaux, etc...)

LE HANNETON[1] (MELOLONTHA VULGARIS)

1. Système nereux (remarquer qu'il est fortement condensé). — *a*, ganglions cérébroïdes; *b*, nerfs optiques; *c*, collier œsophagien; *d*, ganglion frontal; *e* à *f*, chaîne nerveuse ventrale; *g*, nerfs.

2. Mâchoire, vue par dessus. — *a*, palpe maxillaire à quatre articles.

3. Mandibule, vue par dessous (les pièces buccales sont disposées pour broyer les végétaux).

4. Antenne. (2). — Chaque antenne est formée de dix articles : les six derniers (chez la femelle) ou les sept derniers (chez le mâle) portent des lamelles, portant sur leurs deux faces, de minuscules cupules, où viennent s'épanouir les fines ramifications des nerfs olfactifs.

5. Lèvre antérieure ou labre.

6. Lèvre postérieure. — *a*, palpe labial à trois articles.

(1) Si l'on veut disséquer un coléoptère carnassier, prendre le *Carabe doré* ou *Jardinière*.
(2) Elle est plus petite chez la femelle que chez le mâle.

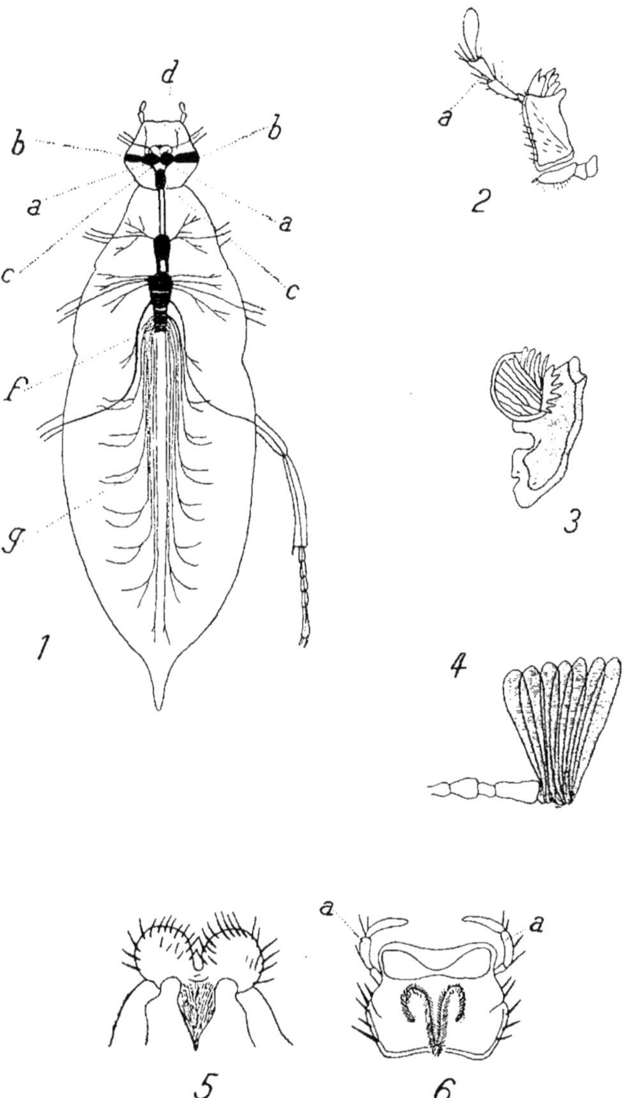

HANNETON (Système nerveux, appendices)

LE HANNETON (MELOLONTHA VULGARIS)

***

1. Portion de trachée, vue au microscope. — *a*, fil spiral.

2. Tube digestif (1). — *a*, œsophage; *b*, estomac; *c*, intestin; *d*, ampoule rectale ; *e*, portion pectinée des tubes de Malpighi; *f*, portion non pectinée; *g*, anus.

3. Organes génitaux femelles (2) (imité de YUNG). — *a*, ovaire intact; *b*, ovaire, avec les tubes ovariens étalés artificiellement; *c*, ligament suspenseur des ovaires *d*, œufs en chapelet; *e*, oviductes; *f*, vagin; *g*, sphincter de la vulve; *h*, glandes accessoires; *i*, poche copulatrice; *j*, canal copulateur; *k*, réservoir séminal ; *l*, vésicule pyriforme; *m*, rectum; *n*, portion de la paroi dorsale du cloaque.

4. Organes génitaux mâles (3). — *a*, testicules; *b*, canalicules testiculaires; *c*, canaux déférents (ils sont plus pelotonnés qu'on ne les a figurés ici); *d*, vésicules séminales; *e*, glandes accessoires; *f*, canal éjaculateur; *g*, étui de la verge; *h*, orifice mâle.

(1) Le tube digestif comprend : un *œsophage* se continuant presque directement avec un *intestin* faisant plusieurs circonvolutions et recevant quatre *tubes de Malpighi*.

(2) Les organes génitaux femelles comprennent deux *ovaires* formés, chacun de six tubes appliqués les uns contre les autres et soutenus par un ligament. Ces deux groupes débouchent, chacun, dans un *oviducte*. Les deux *oviductes* se réunissent en un canal commun, le *vagin*, auquel aboutissent une *poche copulatrice*, un *réceptacle séminal* et deux petites *glandes vaginales*.

(3) Les organes génitaux mâles comprennent : deux groupes de six petits *testicules*, dont chacun se prolonge par un *canal déférent*. Les deux canaux déférents se réunissent en un *canal éjaculateur* s'ouvrant dans un *pénis* chitineux et auquel aboutissent deux longues *glandes muqueuses* formant de nombreuses circonvolutions.

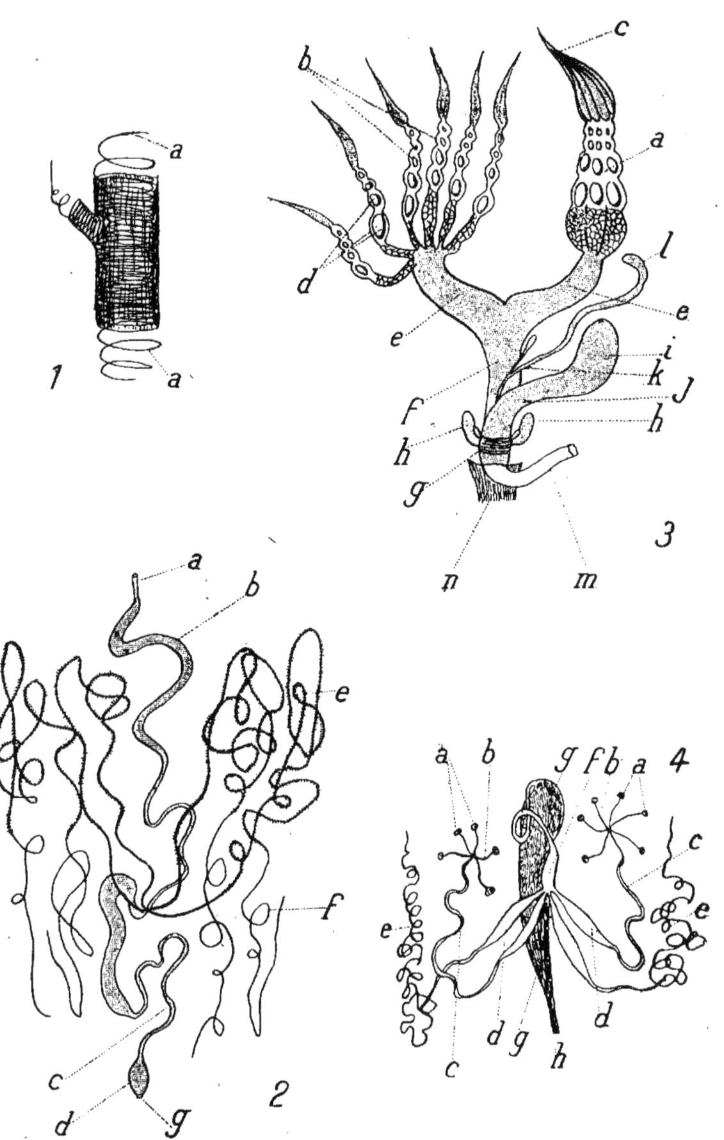

HANNETON (Organes génitaux, tube digestif)

L'ABEILLE[1] (APIS MELLIFICA)

1. Système nerveux de l'adulte. — *a*, ganglions cérébroïdes; *b*, nerfs optiques; *c*, ganglion frontal; *d*, nerf antennaire; *e*, ganglion sous-œsophagien; *f*, ganglion de la chaîne nerveuse thoracique; *g*, ganglions de la chaîne nerveuse abdominale; *h*, nerfs des pattes.

2. Aiguillon (2). — *a*, glande à venin; *b*, réservoir; *c*, aiguillon; *d*, muscles.

3. Tête et pièces buccales. — *a*, œil composé (chez le mâle, les yeux sont contigus sur le sommet de la tête); *b*, antenne; *c*, mandibules (pièces à bord lisse chez les ouvrières; à bord denté chez [la reine et les mâles); *d*, mâchoires (leur réunion forme un tube protecteur pour la langue); les palpes maxillaires sont très réduits; *e*, lèvre inférieure : il y a une pièce basale ou *menton* à laquelle fait suite une *langue* poilue terminée par une pièce arrondie (*cuilleron*); *f*, palpes labiaux.

(1) On aura, principalement, à disséquer des *ouvrières*, lesquelles constituent presque toute la population des ruches, et dont les organes génitaux sont rudimentaires.

(2) Il n'existe que chez les *ouvrières* et les *reines*; les mâles n'en possèdent pas.

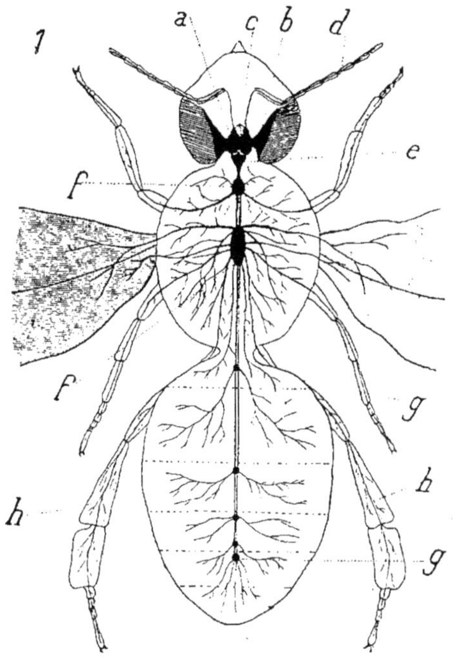

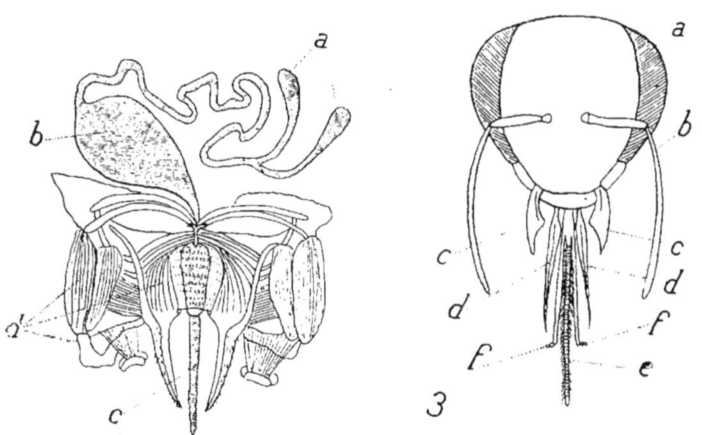

ABEILLE (Système nerveux, aiguillon, pièces buccales)

L'ABEILLE (APIS MELLIFICA)

———

1. Patte postérieure d'ouvrière (1), **vue par la face externe**.

2. Patte postérieure d'ouvrière (1), **vue de la face interne**.

3. Système nerveux de la larve (2).

4. Patte postérieure d'un **mâle**.

5. Patte postérieure de la reine.

6. Organes génitaux mâles. — *a*, testicules; *b*, canaux déférents *c*, vésicules séminales; *d*, canal éjaculateur; *e*, pénis. — On ne rencontre ces organes que chez les mâles ou faux-bourdons, dont l'existence est éphémère car, une fois leur rôle rempli, ils sont massacrés par les ouvrières (3).

(1) Remarquer le *tibia* élargi en triangle et creusé sur une de ses faces d'une *corbeille* pour loger le pollen récolté la larve première paire du tarse (*pièce carrée*) qui est garni de rangées de poils pour brosser le pollen tombé sur le corps durant la visite des fleurs; enfin la tenaille que forme cette pièce tarsienne avec le tibia et qui sert à couper et à détacher les lamelles de cires sécrétées par l'abdomen .

(2) Chez l'ouvrière, il y a deux *ganglions cérébroïdes*, un *collier œsophagien*, une *chaine nerveuse ventrale* comprenant un petit *ganglion sous-œsophagien*, deux *ganglions thoraciques*, cinq *ganglions abdominaux* (les deux derniers sont soudés entre eux). — Voir la planche précédente.

(3) Les organes génitaux femelles n'existent que chez les reines; chez les ouvrières, les ovaires sont réduits à quelques tubes grêles et incapables de jouer un rôle.

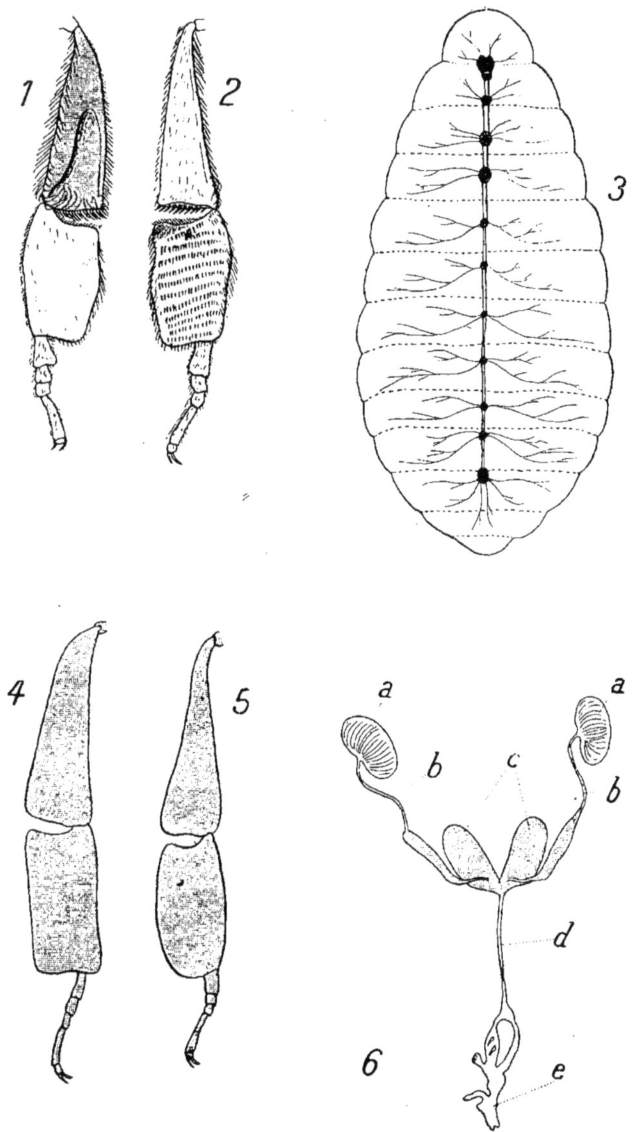

ABEILLE *(Pattes, système nerveux larvaire, organes génitaux)*

L'ABEILLE (APIS MELLIFICA)

---

1. Ensemble de l'appareil respiratoire (1).

2. Portion de la surface de l'œil vue au microscope. — *a*, facette; *b*, poils.

3. Testicule, avec les éléments artificiellement écartés les uns des autres. — *a*, tubes testiculaires; *b*, canal déférent. — Voir l'ensemble de l'appareil génital mâle à la planche précédente.

(1) Les *trachées* s'ouvrent par neuf paires de *stigmates*. Dans l'abdomen, comme on le voit ici, il y a deux larges *sacs aériens*, qui indiquent un insecte bon voilier.

On pourra disséquer aussi le *tube digestif*, qui comprend : un fin *œsophage*, dans la partie antérieure duquel débouchent des *glandes salivaires* (les unes se trouvent dans la tête, les autres dans le corselet); un *jabot* ou *gésier;* un estomac ou *ventricule chylifique* (il est marqué de sillons transversaux); un *intestin grêle* contourné en hélice; un gros intestin muni de *glandes rectales*. — Au point de réunion de l'estomac et de l'intestin, il y a des *tubes de Malpighi*.

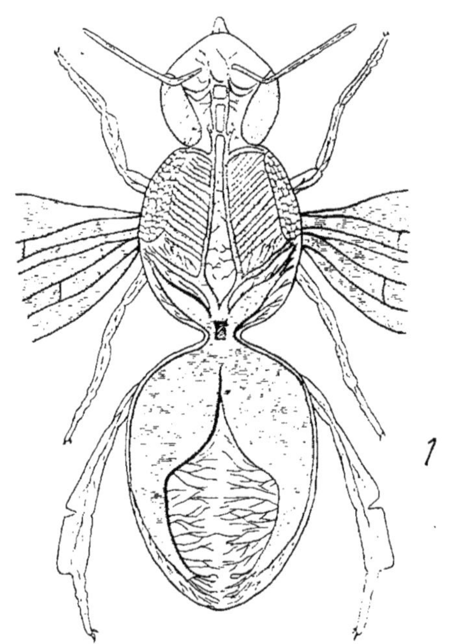

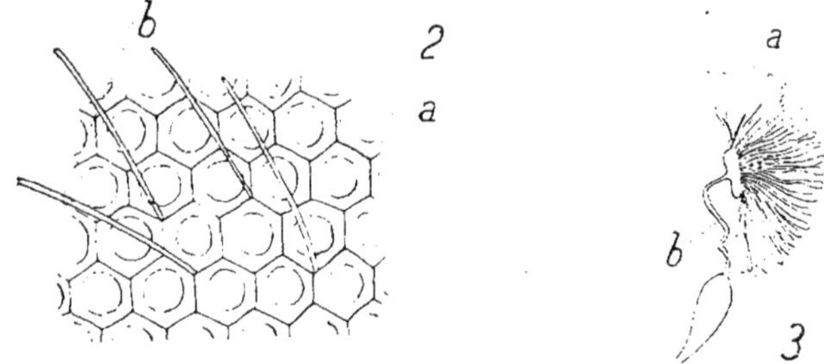

ABEILLE, Appareil respiratoire, etc...)

LA SAUTERELLE [1] (LOCUSTA VIRIDISSIMA)

1. Femelle, vue de côté. — *a*, oviscapte.

2. Tube digestif. — *a*, œsophage; *b*, glandes salivaires; *c*, jabot; *d*, gésier; *e*, estomac; *f*, tubes de Malpighi; *g*, intestin.

3. Pièces buccales. — *a*, lèvre supérieure; *b*, mandibules; *c*, mâchoires; *d*, palpes maxillaires; *e*, lèvre inférieure; *f*, palpes labiaux; *g*, langue.

4. Tibia de la patte antérieure. — *a*, membrane tympanique.

(1) Comme exemples de Lépidoptères, prendre n'importe quel Papillon ; d'Hémiptères, des *Punaises des bois* ou des *Notonectes*, très communes dans les mares ; de Diptères, la *Mouche domestique*, la *Mouche bleue de la viande*, le *Mélophage du Mouton* (abondant dans la toison des Moutons d'Algérie), l'*Hippobosque du Bœuf* ou du *Cheval*, le *Taon*, le *Moustique*. Etudier notamment les pièces buccales. Disséquer la *Mouche bleue de la viande* (*Calliphora sarcophaga*) et examiner ses larves (*asticots*). Comme exemples d'Insectes parasites, prendre la *Puce*, la *Punaise des lits*, le *Pou*.

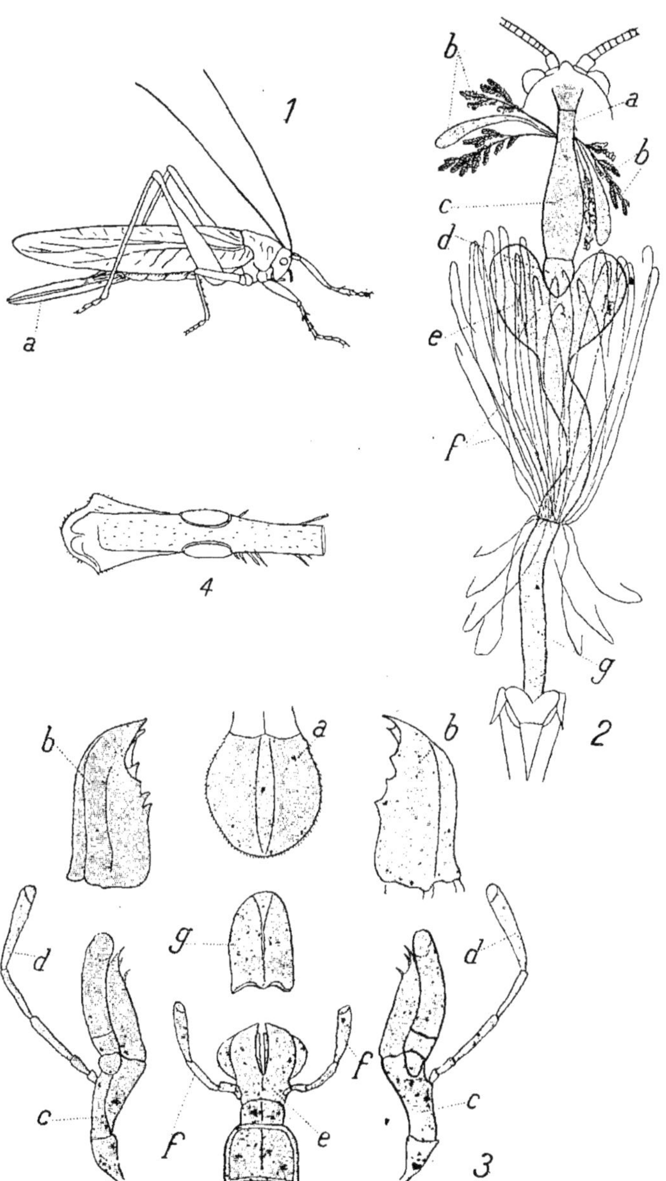

SAUTERELLE

LE VER A SOIE (BOMBYX MORI)

1. **Système nerveux de l'adulte.**

2. **Système nerveux de la chenille (ver à soie).**

3. **Tube digestif de la chenille.** — *a*, œsophage (les pièces buccales sont du type broyeur) : à l'œsophage aboutissent deux glandes salivaires; *b*, estomac (il s'étend jusqu'au neuvième anneau); *c*, ampoules rectales: *d*, glandes séricigènes (1).

4. **Tube digestif du papillon.** — *a*, œsophage; *b*, jabot; *c*, tubes de Malpighi; *d*, intestin; *e*, ampoule rectale.

5. **Portion de la chaîne nerveuse ventrale de la chenille.** — *a*, ganglion de la chaîne nerveuse ventrale; *b*, nerfs de la chaîne nerveuse ventrale; *c*, sympathique.

(1) « De chaque côté et au-dessous du tube digestif, on remarque deux longs tubes brillants, jaunes, de diamètre variable, qui constituent les glandes de la soie. Chaque glande comprend : 1° Une partie cylindrique de un millimètre de diamètre et de quatorze à quinze centimètres de long; c'est la partie sécrétrice où s'élabore la soie proprement dite ou *fibroïne*. 2° A ce tube fait suite une région moyenne, tubulaire, recourbée en S, qui mesure trois millimètres de diamètre et six à sept centimètres de long. C'est là que s'accumule la *soie*. En outre, cette région sécrète une matière glutineuse spéciale, le *grés*, donnant à la soie sa coloration. 3° Enfin, une partie antérieure onduleuse et très fine, de trois dixièmes de millimètre de diamètre sur trois centimètres de long, ou *tube excréteur*. Les deux tubes excréteurs se réunissent au niveau de la *filière buccale*, où débouchent d'autre part les deux petites *glandes de Filippi*, qui servent à lubrifier le canal de la trompe. et revêtent le fil de soie d'un enduit cireux. » (A. BONNET, *Dissection de zoologie*, Doin, éditeur, Paris, 1924).

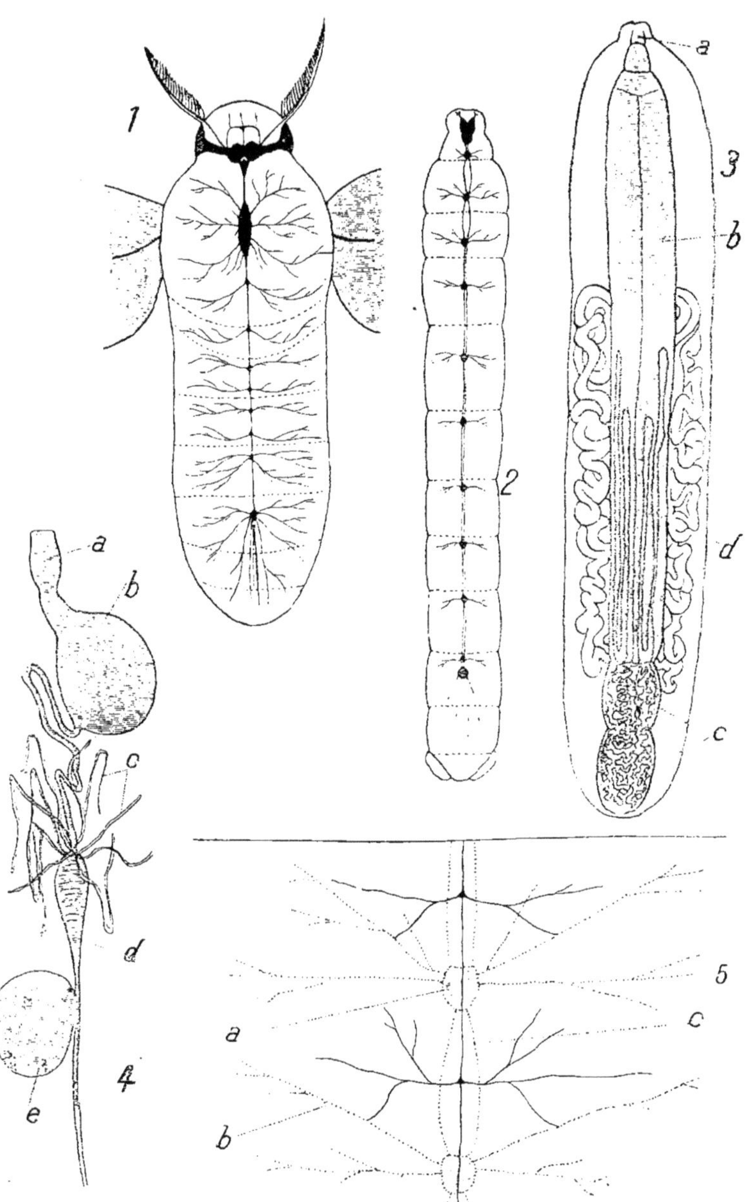

PLANCHE XLIX.
1
2
3
a
b
d
c
a
b
c
d
e
4
5
c
a
b
VER A SOIE

VI

VERS

LA SANGSUE[1] (HIRUDO MEDICINALIS)

1. Sangsue, vue par la face ventrale (2). — *a*, bouche; *b*, orifice génital mâl(entre le 24e et le 25e anneau); *c*, pénis; *d*, orifice génital femelle (entre le 29e et l30e anneau); *e*, anus (c'est par erreur qu'il a été placé ici : il s'ouvre, en réalité, à lface dorsale de la ventouse postérieure); *f*, ventouse terminale. — Nota. — Remarquer sur la face ventrale de chaque côté, les 17 paires des orifices des organes segmentaires, de cinq en cinq segments.

2. Tube digestif (il est noyé dans un tissu parenchymateux). — *a*, bouche*b*, œsophage; *c*, estomac; *d*, cœcums hépatiques; *e*, intestin; *f*, anus,; *g*, ventousterminale.

3. Partie antérieure du système nerveux. — *a*, ganglions cérébroïdes*b*, collier œsophagien; *c*, chaîne nerveuse ventrale; *d*, organes oculaires.

4. Bouche fendue. — *a*, ventouse; *b*, mâchoires constituées par des lamecornées à très fines denticulations.

5. Portion d'une mâchoire, vue au microscope. — *a*, denticules en dents dscie ; *b*, muscle faisant mouvoir la mâchoire.

6. Ventouse terminale : elle n'est pas perforée.

7. Ventouse antérieure. — *a*, bouche.

(1) On peut tuer la Sangsue en la mettant dans un bocal avec quelques gouttes de chloroforme ou en la plongeandans une solution aqueuse étendue d'ammoniaque, qui a l'avantage de la faire mourir en extension (on enlève l'abondarmucus qu'elle sécrète alors en l'essuyant avec un linge).

(2) On reconnaît la face ventrale à ce qu'elle est plus claire que la face dorsale. De plus, la bouche est inclinée sula face ventrale et n'est pas visible quand on examine l'animal par la face dorsale.

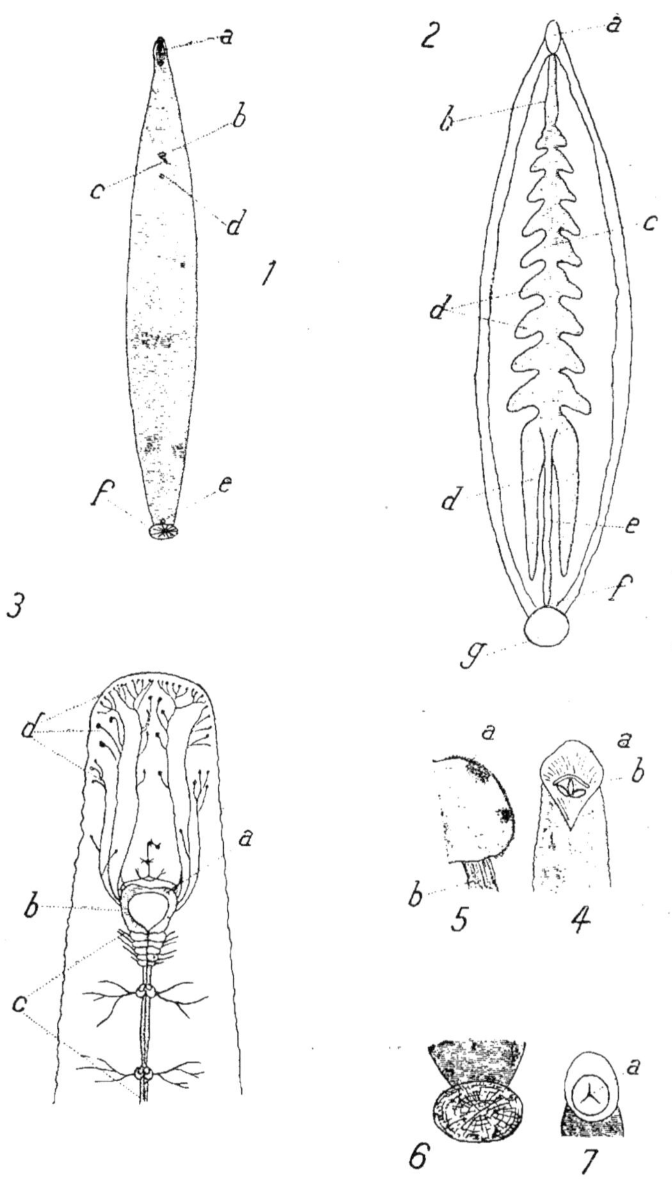

SANGSUE (Tube digestif, système nerveux, etc...)

LA SANGSUE[1] (HIRUDO MEDICINALIS)

---

1. Système nerveux et organes génitaux. — (L'animal est couché sur le ventre. On a fendu la ligne médiane dorsale et on a enlevé le tube digestif représenté en **2** dans la planche L.) — *a*, ganglions cérébroïdes et collier œsophagien; *b*, chaîne nerveuse ventrale (on a fendu la gaine qui l'enveloppe dans toute sa longueur); *c*, ventouse antérieure; *d*, ventouse postérieure; *e*, vaisseau latéral; *f*, organe segmentaire; *g*, les neuf testicules; *h*, canal déférent; *i*, épididyme; *j*, pénis; *k*, ovaire; *l*, oviducte.

2. Organe segmentaire. — *a*, chaîne nerveuse; *b*, vaisseau latéral; *c*, testicule; *d*, conduit séminal; *e*, canal déférent; *f*, cavité testiculaire; *g*, pavillon de l'organe segmentaire; *h*, canal segmentaire; *i*, renflement du canal segmentaire; *j*, glande en fer à cheval; *k*, canal excréteur; *l*, vésicule.

3. Portion centrale de l'appareil génital. — *a*, chaîne nerveuse; *b*, canal déférent; *c*, épididyme; *d*, vésicule séminale; *e*, prostate; *f*, gaine du pénis; *g*, canal éjaculateur; *h*, pénis; *i*, ovaires; *j*, oviducte; *k*, glande à albumine; *l*, vagin.

4. Portion de la chaîne nerveuse ventrale (schématique). — *a*, chaîne nerveuse; *b*, gaine qui l'enveloppe.

(1) Comme exemple d'Annélides polychètes, on peut prendre un ver marin, l'*Arénicole*; et comme exemple d'Annélides oligochètes, le *Ver de terre*, dont la dissection n'est pas facile.

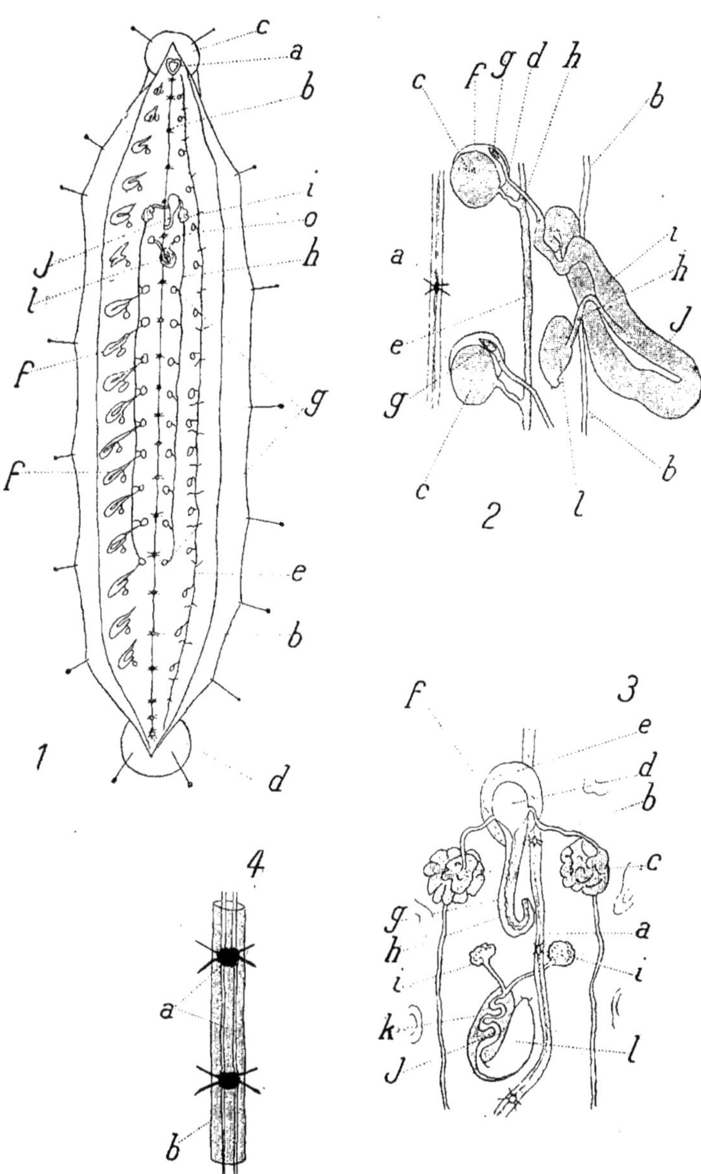

SANGSUE (*Dissection générale, organes génito-urinaires, etc...*)

LE VER SOLITAIRE[1] (TŒNIA SOLIUM ET SAGINATA)

———

1. **Tête de Tœnia solium, vue de côté** — *a*, ventouse; *b*, couronne de crochets.

2. **Tête de Tœnia solium, vue par-dessus.** — *a*, ventouse; *b*, double couronne de crochets.

3. **Crochets (grossis).**

4. **Œuf de Tœnia solium (grossi).**

5. **Tête de Tœnia saginata, vue par-dessus.** — *a*, ventouse.

6. **Tête du Tœnia saginata (vue de côté).** — *a*, ventouse.

7. **Œuf de Tœnia saginata (grossi).**

8. **Anneaux d'un Tœnia.** — *a*, orifices génitaux.

9. **Un anneau ou proglottis du Tœnia saginata.** — *a*, ovaire; *b*, vitellogène ou glande de l'albumine; *c*, glande coquillière; *d*, utérus; *e*, vésicules testiculaires (on n'en a représenté que quelques-unes); *f*, canal déférent; *g*, poche du cirre; *h*, sinus génital; *i*, vagin; *j*, cordons nerveux latéraux; *k*, troncs longitudinaux du système aquifère; *l*, leur anastomose.

10. **Portion d'un anneau, représenté à un plus fort grossissement.** — Mêmes lettres que **9**; *m*, pénis.

11. **Anneau mûr de Tœnia solium.** — *a*, utérus dilaté et ramifié par l'accumulation des œufs.

12. **Anneau mûr de Tœnia saginata.** — *a*, comme **11**.

(1) Dans les intestins des chiens errants, que l'on se procure dans les fourrières, on se procurera facilement le *Tænia serrata*, le *Tænia echinoccus*, le *Dipylidium caninum*, et, dans ceux du Mouton et du Bœuf, le *Monieza expansa*.

———

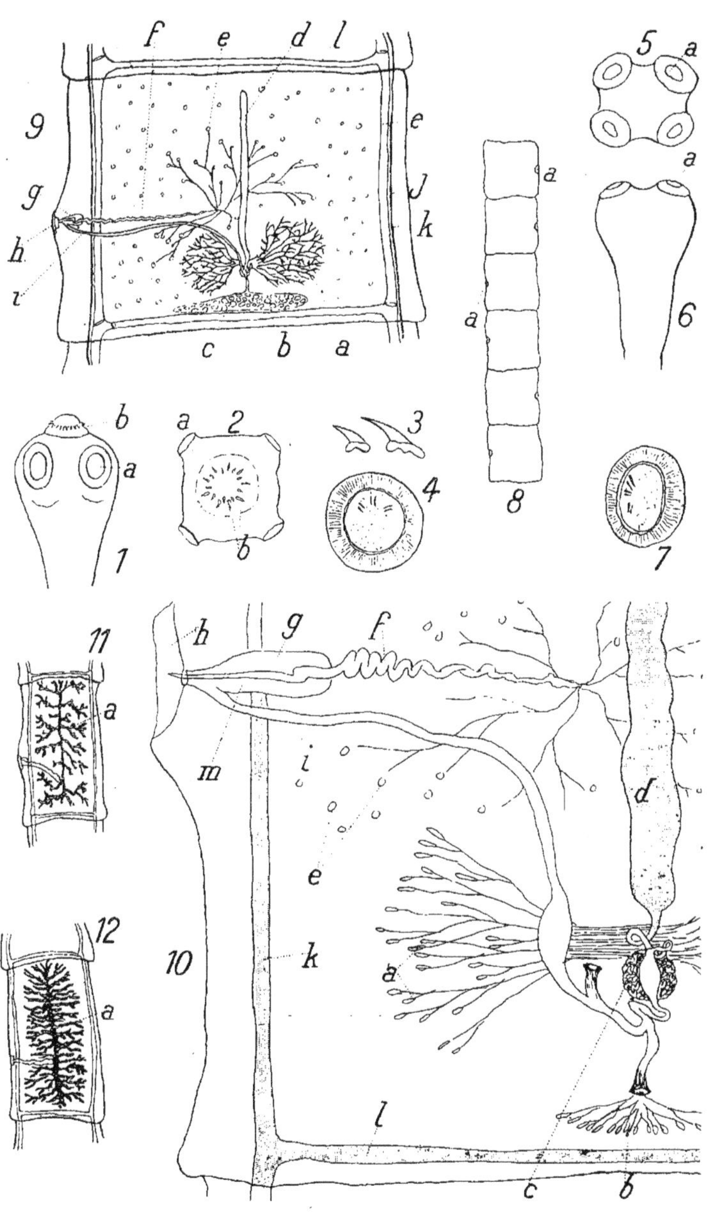

VER SOLITAIRE

LA DOUVE DU FOIE [1] (DISTOMUM HEPATICUM)

1. **La Douve, vue par la face ventrale.** — *a*, ventouse entourant la bouche ; *b*, ventouse ventrale (non perforée); *c*, orifice génital; *d*, orifice excréteur.

2. **Système nerveux.** — *a*, ganglions cérébroïdes ; *b*, nerfs céphaliques; *c*, nerfs latéraux; *d*, nerfs de la ventouse ventrale.

3. **Organes génitaux mâles.** — *a*, testicules (ils sont beaucoup plus ramifiés) *b*, canaux déférents; *c*, ventouse ventrale; *d*, vésicule séminale; *e*, prostate; *f*, canal éjaculateur ; *g*, poche génitale; *h*, orifice génital femelle.

4. **Organes génitaux femelles**. (2) — *a*, ovaire; *b*, oviducte; *c*, canal du vitellogène; *d*, utérus; *e*, glande; *f*, vitellogène: *g*, orifice génital femelle.

(1) On la trouve dans les canaux biliaires du foie du Mouton, ainsi que le *Distomum lanceolatum*.
Dans les poumons des Grenouilles, il est fréquent de rencontrer un Trématode, le *Dicrocelium cylindraceum*.
(2) En mettant des Limnées dans un entonnoir rempli d'eau et bouché à l'orifice inférieur, on aura, parfois, la chance d'avoir, accumulées sur celui-ci, des *Cercaires* (larves de Trématodes); en dissociant alors le foie des Limnées, on trouvera, peut-être, des *Rédies* (autre forme larvaire des Trématodes).

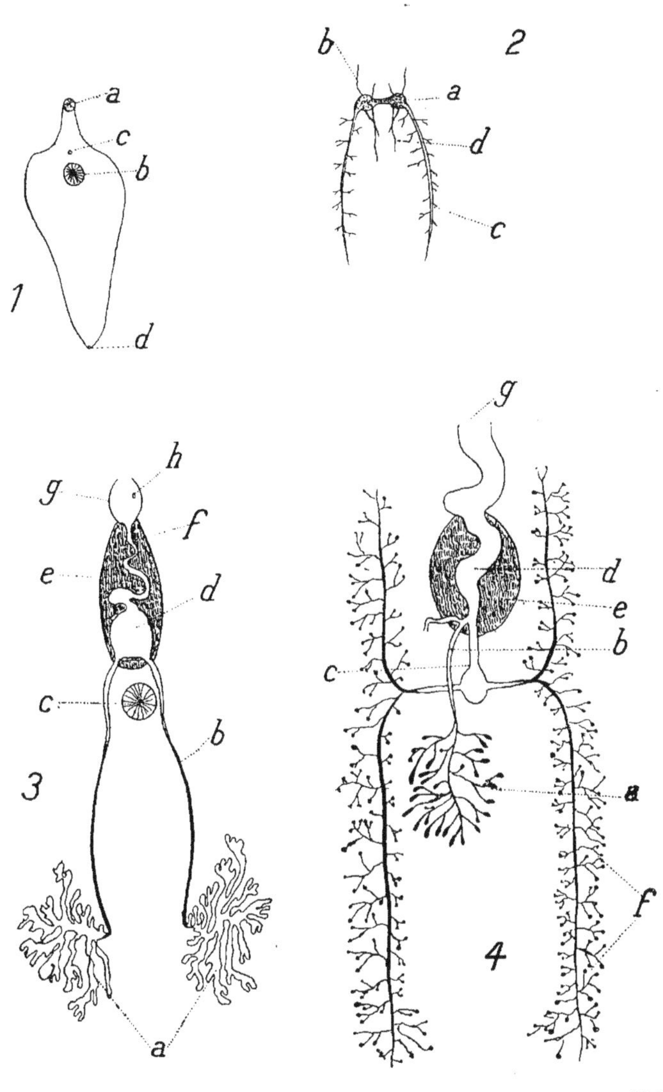

DOUVE DU FOIE

LA DOUVE DU FOIE ET LA PETITE DOUVE
(DISTOMUM HEPATICUM ET DISTOMUM LANCEOLATUM)

1. Tube digestif de la Douve du foie. — *a*, bouche; *b*, œsophage; *c*, cœcum intestinal; *d*, ses ramifications; *e*, système nerveux.

2. Appareil excréteur de la Douve du foie. — *a*, réseau excréteur; *b*, conduit excréteur impair; *c*, orifice excréteur.

3. Distomum lanceolatum (Petite Douve du foie) **(schématique)** (1). — *a*, ventouse buccale, avec l'orifice buccal; *b*, œsophage ; *c*, cœcums intestinaux; *d*, canaux excréteurs pairs; *e*, canal excréteur impair; *f*, orifice excréteur (*foramen caudale*); *g*, testicules; *h*, canaux déférents; *i*, sac séminal et orifice génital ; *j*, vitellogènes; *k*, vagin; *l*, utérus; *m*, ootype. — Il n'y a ni appareil respiratoire, ni appareil circulatoire, pas plus que de cavité générale, laquelle est comblée par un tissu parenchymateux. Le système nerveux est réduit à un collier œsophagien, presque impossible à voir.

(1) L'animal a 5 à 10 millimètres de long sur 2 à 3 millimètres de large.

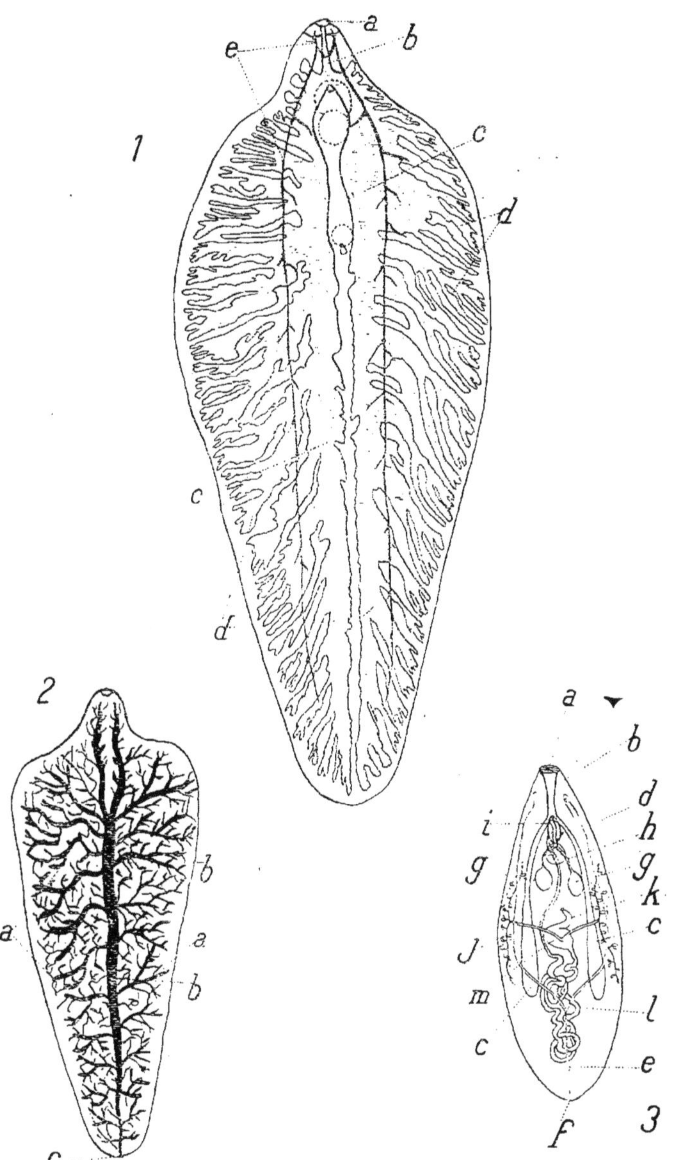

LA DOUVE DU FOIE ET LA PETITE DOUVE

L'ASCARIDE LOMBRICOIDE[1]
(ASCARIS LOMBRICOIDE)

1. **Femelle, vue par la face ventrale.** — *a*, bouche; *b*, orifice excréteur (très petit); *c*, dépression que l'on ne rencontre que chez la femelle; *d*, orifice génital; *e*, anus.

2 **Mâle, vu par la face ventrale.** — *a*, bouche; *b*, orifice excréteur (très petit); *c*, cloaque garni de deux spicules.

3. **Femelle : extrémité inférieure du corps.** — *a*, anus.

4. **Mâle : extrémité inférieure du corps.** — *a*, cloaque, avec deux spicules.

5. **Bouche, vue par la face supérieure.** — *a*, bourrelets ou lèvres garnis d'un squelette chitineux et pourvus de muscles moteurs.

6. **Femelle ouverte par la face ventrale.** — *a*, bouche; *b*, œsophage; *c*, collier nerveux; *d*, estomac; *e*, anus; *f*, orifice femelle; *g*, utérus; *h*, oviductes; *i*, ovaires.

7. **Organes génitaux mâles.** — *a*, cloaque; *b*, spicules; *c*, extrémité inférieure de l'intestin; *d*, vésicule séminale; *e*, glande mâle.

8. **Œuf**, très grossi.

[1] On peut aussi prendre, comme types de Nématodes, l'*Ascaris megalocephala*, de l'intestin du Cheval; l'*Ascaris bovis*, du Bœuf; l'*Ascaris suilla*, du Porc.

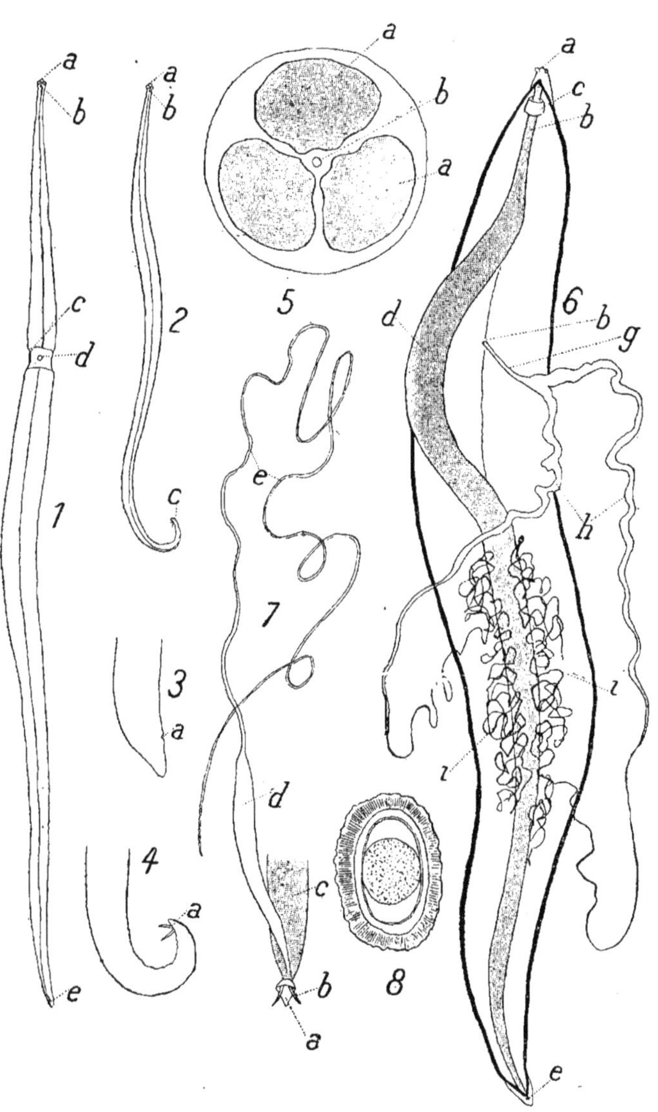

ASCARIDE LOMBRICOÏDE

X

ÉCHINODERMES

L'OURSIN (TOXOPNEUSTES LIVIDUS)

—

1. Oursin dépouillé de ses piquants et vu par la face supérieure. — *a*, plaques du pourtour de l'anus (voir le détail au **3**); *b*, zone interambulacraire; *c*, zone ambulacraire.

2. Un Oursin régulier, vu de côté, après avoir été dépouillé de ses piquants. — On n'a représenté que les plaques d'une zone ambulacraire (*a*) et d'une zone interambulacraire (*b*).

3. Partie centrale du pôle supérieur. — *a*, anus; *b*, plaque génitale; *c*, orifice génital; *d*, plaque madréporique; *e*, plaque radiale; *f*, pore par où passe un filet nerveux; *g*, zone ambulacraire; *h*, zone interambulacraire.

4. Partie centrale du pôle inférieur. — *a*, zone ambulacraire; *b*, zone interambulacraire; *c*, branchie; *d*, orifice buccal; *e*, dents de la lanterne d'Aristote; *f*, membrane buccale.

5. Pédicellaire entier. — *a*, pince; *b*, tube; *c*, stylet calcaire.

6. Extrémité d'un pédicellaire tridactyle. (On en trouve sur tout le corps.)

7. Extrémité d'un pédicellaire ophiocéphale. (On en trouve surtout sur la membrane buccale.)

—

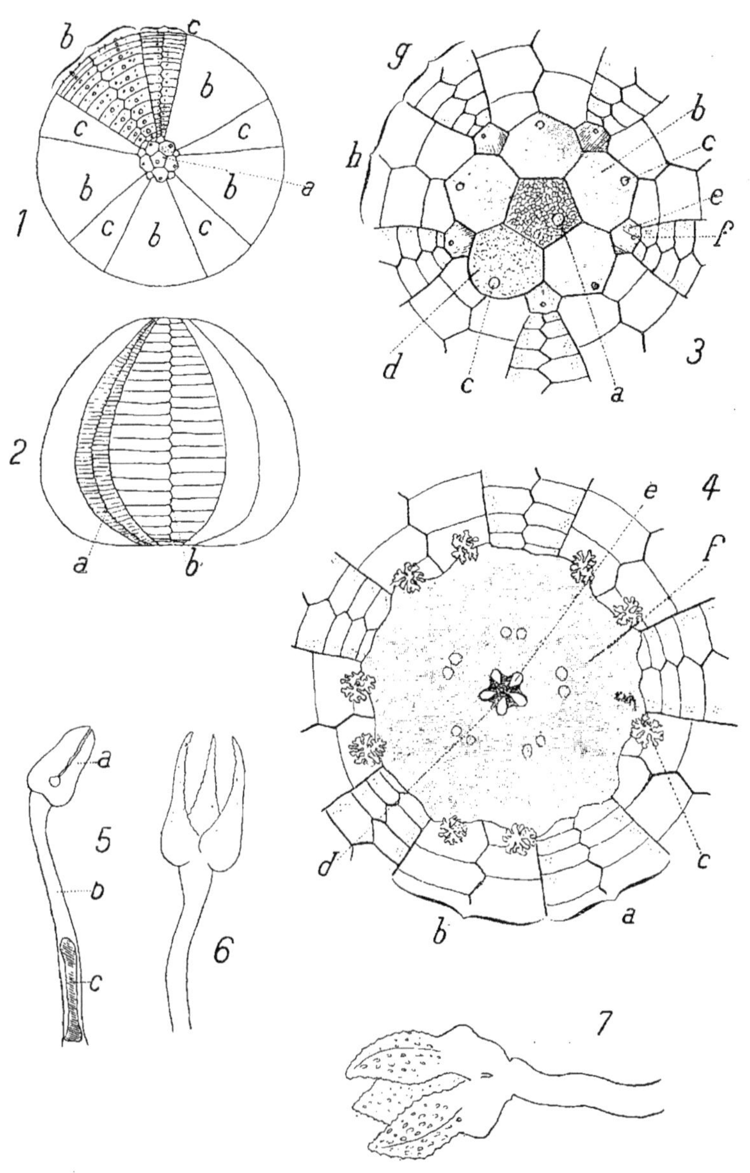

OURSIN

L'OURSIN (TOXOPNEUSTES LIVIDUS)

1. Schéma du tube digestif, vu par la partie supérieure. — *a, b, c, d, e*, milieu des zones ambulacraires; *f*, bouche; *g*, œsophage; *h*, commencement de la première courbure; *i*, intestin; *j*, commencement de la deuxième courbure; *k*, siphon; *l*, anus; *m*, pores génitaux; *n*, plaque ambulacraire.

2. Portion de la Lanterne-d'Aristote, vue par la face supérieure et montrant deux pyramides (sur cinq). — *a*, pyramide; *b*, dents; *e*, faux; *f*, compas; *g*, muscles unissant les faux; *h*, muscle de la pyramide; *i*, ligaments des compas.

3. Une pyramide en place, vue de son côté interne. — *a*, pyramide; *b*, compas; *c*, muscles de la pyramide; *d*, ligament des compas; *e*, auriculaire; *f*, dent.

4. Pyramide de la Lanterne d'Aristote, vue du côté interne.

5. Pyramide, vue de côté.

6. Pyramide, vue du côté externe.

7. Tube digestif. — L'animal a été coupé en deux et les deux moitiés rabattues l'une à droite, l'autre à gauche : *a*, lanterne d'Aristote; *b*, œsophage: *c*, intestin; *d*, anus; *e*, glandes génitales.

8. Extrémité d'un ambulacre.

9. Coupe longitudinale schématique de la partie basilaire d'un piquant. — *a*, base du piquant; *b*, section du piquant; *c*, test; *d*, éminence du test, sur lequel s'articule le piquant; *e*, gaine; *f*, muscles.

10. Portion supérieure du test, vue par sa face interne. — *a*, rectum; *b*, glande génitale (les sexes sont séparés; les glandes mâles sont jaune rosé et les glandes femelles rougeâtres); *c*, zone ambulacraire; *d*, zone interambulacraire.

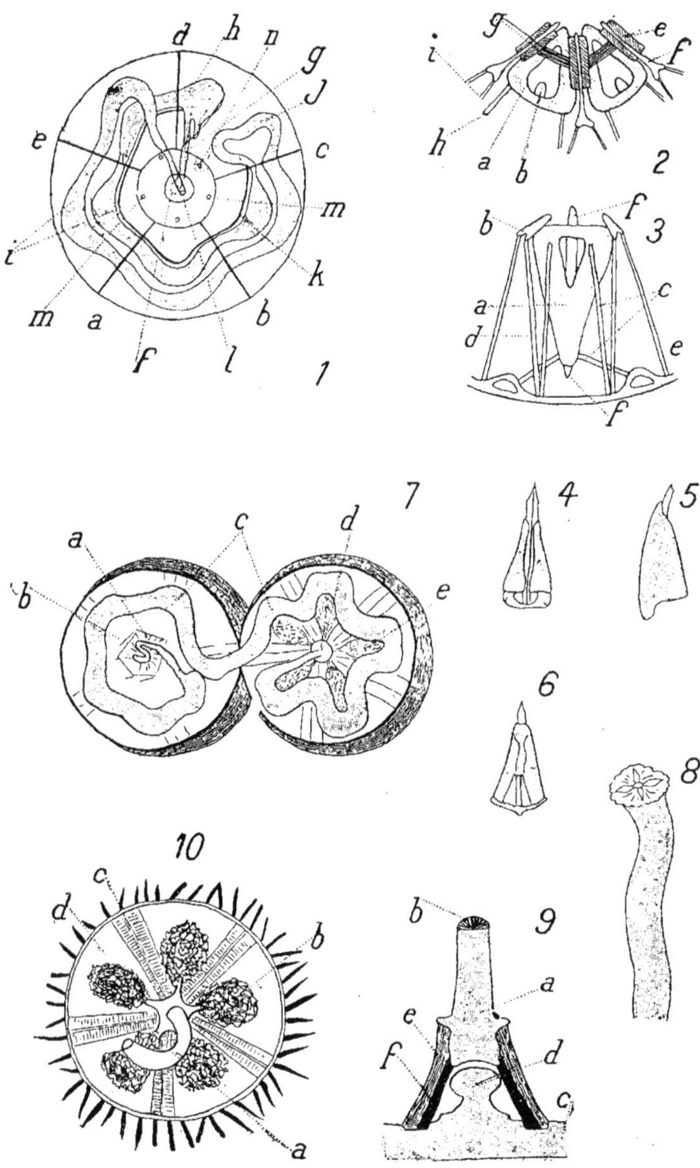

OURSIN

PROTOZOAIRES ET HISTOLOGIE

CLASSIFICATION DES PROTOZOAIRES

		EXEMPLES
Sous-embranchement des **Rhizopodes**	Classe des Amiboïdes	*Amœba.*
	Classe des Foraminifères	*Gromia.* *Miliola.* *Textularia.* *Globigerina.* *Nodosaria.* *Lagena.* *Orbulina.* *Rotalia.* *Planorbulina.*
	Classe des Radiolaires	*Heliosphœra.* *Encyrtidium.*
Sous-embranchement des **Infusoires**	Classe des Flagellés	*Trypanosoma.* *Codosiga.* *Noctiluca.*
	Classe des Ciliés	*Balantidium.* *Stentor.* *Vorticella.* *Stylonychia.* *Chilodon.* *Condylostoma.* *Acineta.* *Podophrya.*
Sous-embranchement des **Sporozoaires**		*Stylorhynchus.*

PROTOZOAIRES[1]

———

1 et 2. — CLASSE DES AMIBOIDES

1. Amibe *(Amœba)*. — *a*, noyau; *b*, diatomée ingérée; *c*, pseudopode; *d*, protoplasma granuleux; *e*, protoplasma hyalin.

2. Amibe *(Amœba)* (la même que **1**, mais dessinée quelques secondes après pour montrer qu'elle a changé de forme). — *a*, noyau; *b*, diatomée ingérée; *c*, pseudopode; *d*, diatomée capturée par un pseudopode et qui ne va pas tarder à être ingérée.

2 *bis*. **Amibe**, enkystée.

3 à 11. — CLASSE DES FORAMINIFÈRES

3. Gromie *(Gromia oviformis)*, vivant.

4. Miliole *(Miliola tenera)*. — *a*, coquille; *b*, pseudopodes; *c*, pseudopodes fusionnés autour d'une particule alimentaire.

5. *Textularia*. — Coquille.

6. *Globigérine*. — Coquille, *a*, orifices par où passent les pseudopodes.

7. *Nodosaria*. — Coquille.

8. *Lagena*. — Coquille.

9. *Orbulina*. — Coquille.

10. *Rotalia veneta*, vivante.

11. *Planorbulina globosa*. — Coquille.

[1] Tous sont représentés à un grossissement considérable.

———

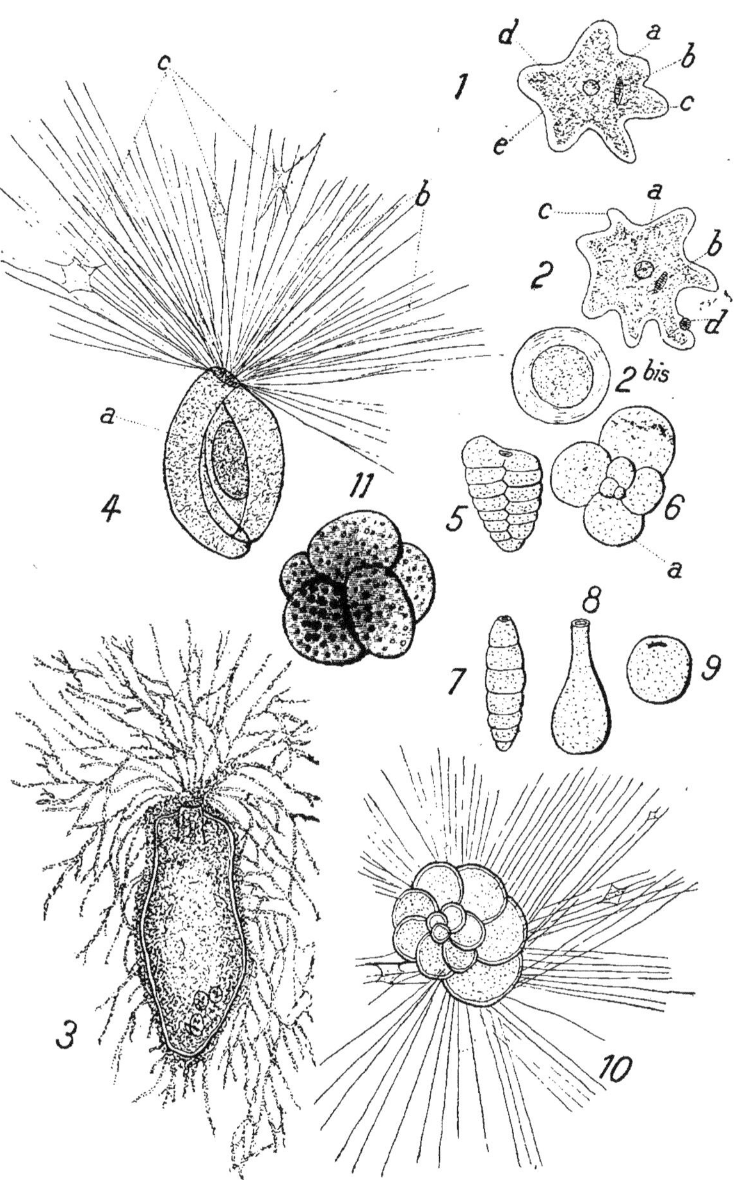

PROTOZOAIRES DIVERS (Amiboïdes, Foraminifères)

PROTOZOAIRES

1 et 2. — CLASSE DES RADIOLAIRES

1. *Heliosphæra elegans.* — Squelette.

2. *Eucyrtidium cranoïdes.* — Animal vivant, entouré de ses pseudopodes.

3 à 7. — CLASSE DES FLAGELLÉS

3-4. *Trypanosoma sanguinis*, vivant.

5. *Codosiga umbellata.* — Colonie.

6. Noctiluque (*Nostiluca miliaris*) (organisme de la phosphorescence de la mer). — *a*, flagellum.

7. Noctiluque se divisant.

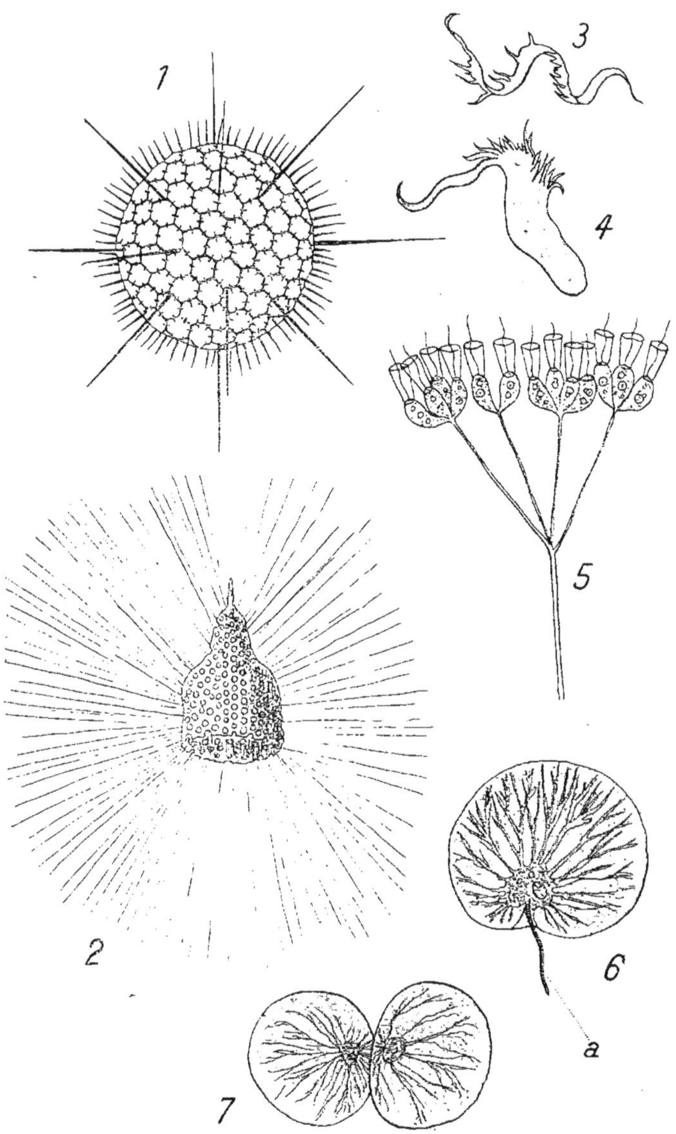

PROTOZOAIRES DIVERS (Radiolaires, Flagellés)

PROTOZOAIRES

SOUS-EMBRANCHEMENT DES INFUSOIRES

---

1 à 9. — CLASSE DES CILIÉS

1. *Balantidium coli*. — *a*, bouche; *b*, noyau; *c*, vacuole contractile. — Vit dans l'intestin de l'homme.

2. *Stentor Rœselli*. — *a*, bouche; *b*, noyau; *c*, vacuole contractile; *d*, étui au fond duquel le Stentor est fixé.

3. **Vorticelles**, les unes étalées, les autres contractées. — *a*, algue sur laquelle les Vorticelles sont fixées.

4. *Stylonychia mytilus* (FACE VENTRALE). — *a*, bouche; *b*, noyau; *c*, anus; *d*, vacuole contractile.

5. *Stylonychia mytilus*, en voie de conjugaison. — Cette espèce est commune sur les filaments des Algues d'eau douce.

6. *Chilodon cuculus*. — *a*, œsophage; *b*, anus.

7. **Condylostome** (grand infusoire marin atteignant près d'un millimètre de largeur). — *a*, noyau; *b*, vésicule contractile; *c*, péridinien ingéré par l'infusoire; *d*, bouche.

8. *Acineta mystacina*, suçant une proie (*a*) avec ses suçoirs (*b*); *c*, pédicule fixé.

9. *Podophrya elongata*.

10. — SOUS-EMBRANCHEMENT DES SPOROZOAIRES

10. **Grégarine** (*Stylorhynchus longirostris*). — Les Grégarines vivent dans le tube digestif des Arthropodes et des Annélides.

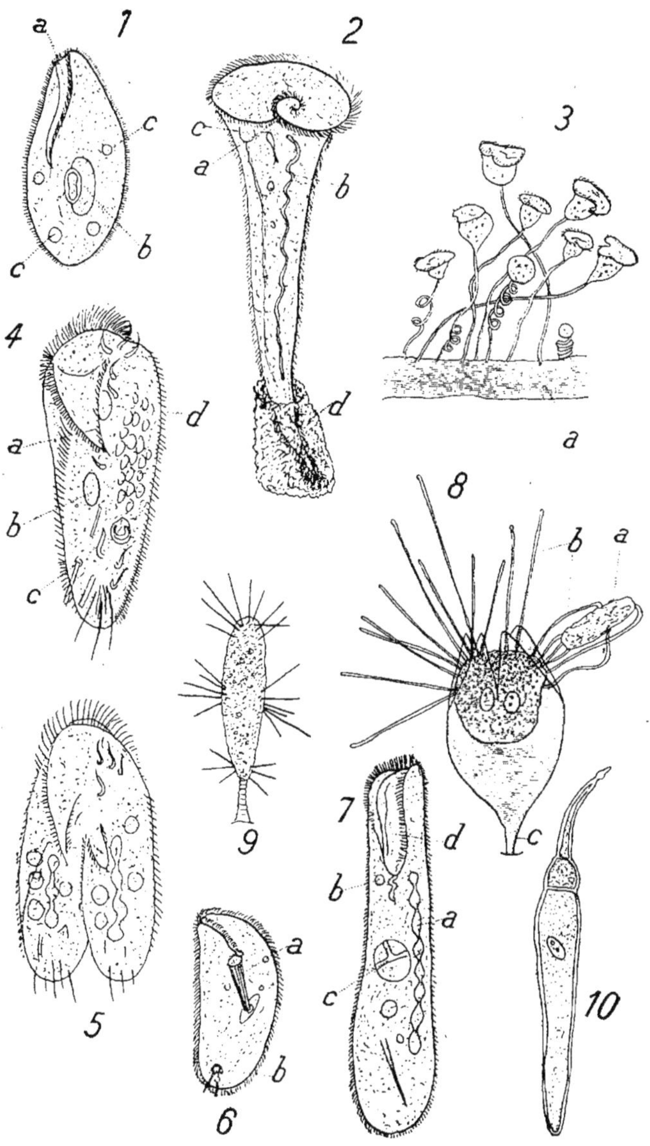

PROTOZOAIRES DIVERS (Infusoires, Sporozoaires)

HISTOLOGIE

ÉLÉMENTS CELLULAIRES ET TISSUS (1).

1. Épithélium pavimenteux, vu par dessus (MUE DE LA GRENOUILLE).

2. Épithélium pavimenteux stratifié, coupé perpendiculairement à sa surface.

3. Épithélium cylindrique (INTESTIN DE LA GRENOUILLE).

4. Cellules vibratiles (ŒSOPHAGE DE LA GRENOUILLE). — *a*, cils vibratiles.

5. Cellules glandulaires calliciformes (ŒSOPHAGE DE LA GRENOUILLE). — *a*, protoplasma sécréteur; *b*, mucus sécrété.

6. Tissu conjonctif (MÉSENTÈRE DE LA GRENOUILLE). — *a*, cellule migratrice; *b*, fibres élastiques; *c*, fibres conjonctives.

7. Tissu osseux. — *a*, cellules osseuses (ostéoblastes); *c*, substances osseuses.

8. Fibre musculaire lisse (VESSIE DE LA GRENOUILLE).

9. Fibre musculaire striée (MUSCLE D'UN INSECTE). — *a*, noyau.

10. Cellule nerveuse. — *a*, prolongement cylindre-axile.

11. Fibre nerveuse (à étudier dans le NERF SCIATIQUE DE LA GRENOUILLE). — *a*, étranglement annulaire; *b* (en noir), myéline; *c*, cylindre-axe; *d*, noyau.

12. Globules du sang de la Grenouille. — *a*, globules rouges vus de face; *b*, globules rouges vus de côté; *c*, globules blancs (que l'on voit encore plus facilement dans la **lymphe de la grenouille**).

13. Globules du sang de l'homme. — *a*, globules rouges vus de face; *b*, globules rouges empilés les uns dans les autres; *c*, globule rouge, vu de côté; *d*, globule blanc.

14. Tissu cartilagineux. — *a*, cellule cartilagineuse; *b*, capsule; *c*, substance fondamentale cartilagineuse.

15. Cellules adipeuses. — *a*, gouttes de matières grasses.

(1) Pour voir la karyokinèse, faire des coupes fines (dans la paraffine) des utérus et des oviductes de l'*Ascaris megalocephala* et colorer à l'hématoxyline au fer : les chromosomes se montrent en noir, tandis que le protoplasma n'est que légèrement teinté en gris clair.

Pour la fécondation, étudier les éléments sexuels d'un Oursin.

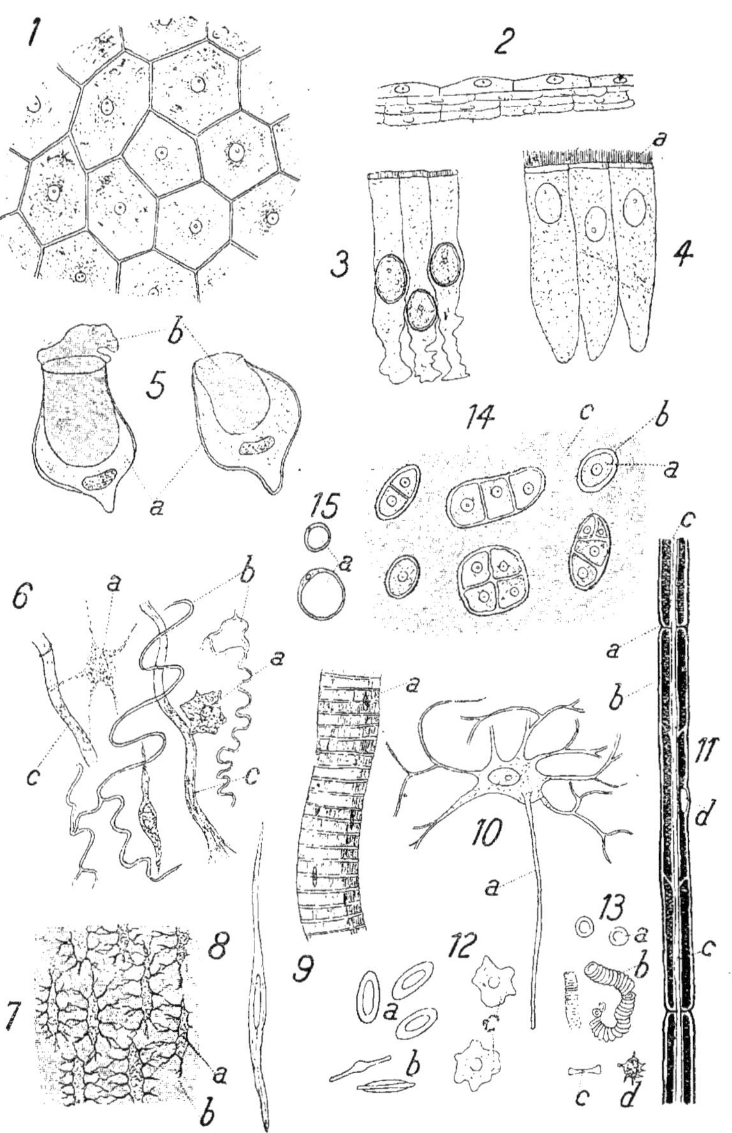

TISSUS DIVERS

TABLE DES MATIÈRES

(Les numéros renvoient aux planches)

<h1 style="text-align:center">TABLE DES MATIÈRES</h1>

TABLE ALPHABÉTIQUE

(Les numéros renvoient aux planches).

Coulommiers. — Imprimerie E. Dessaint. — 9-25.

9 782329 085203